空间信息系统项目管理
——理论、方法与实践

芦　雪　编著

国防工业出版社

·北京·

内容简介

本书重点介绍空间信息系统项目管理的理论、方法与实践应用。除绪论（第1章）外，全书内容划分为三大部分：技术及产业发展部分（第2章）介绍了空间信息技术和产业的发展概况、趋势以及面临的机遇与挑战；基本理论部分（第3章）介绍了项目管理的基本概念、理论和空间信息系统项目管理的基本框架；方法论与实践部分（第4章～第14章）分别就空间信息系统项目战略管理和启动、整合管理、范围管理、时间管理、成本管理、质量管理、人力资源管理、沟通管理、风险管理、采购管理以及大型复杂空间信息系统项目管理的内容、过程和方法进行了介绍，并结合具体的项目案例进行了进一步讨论。

本书的目标读者是管理或参与实施空间信息系统项目的人员，以及对空间信息技术或项目管理感兴趣的人员。

图书在版编目（CIP）数据

空间信息系统项目管理：理论、方法与实践/芦雪编著. —北京：国防工业出版社，2017.4

ISBN 978-7-118-11300-6

Ⅰ.①空… Ⅱ.①芦… Ⅲ.①空间信息系统—项目管理—研究 Ⅳ.①P208.2

中国版本图书馆 CIP 数据核字（2017）第087778号

※

国防工业出版社出版发行

（北京市海淀区紫竹院南路23号 邮政编码100048）

北京嘉恒彩色印刷有限责任公司

新华书店经售

*

开本 710×1000 1/16 印张 12½ 字数 228 千字

2017年4月第1版第1次印刷 印数1—2000册 **定价 68.00 元**

国防书店：（010）88540777 发行邮购：（010）88540776

发行传真：（010）88540755 发行业务：（010）88540717

前　言

空间信息技术与纳米技术、生物技术一起并列为当今世界三大高新技术。随着“北斗卫星导航系统”“高分辨率对地观测系统”等国家重大科技专项的稳步实施，以及国家“一带一路”战略构想的提出，我国空间信息产业迎来了快速发展的重大战略机遇期，中、大型空间信息系统项目不断涌现。

由于空间信息系统项目具有技术含量高、投资规模大、风险高、从业人员高度专业化、系统使用维护复杂等特点，项目经常会遇到需求多变、技术更新、人员流动频繁等各种情况，导致了项目的失败率较高，而如何有效地利用空间信息系统技术、顺利地实施项目，并达到项目投资目标，是用户和项目实施人员最关心的问题之一。

本书是作者长期从事空间信息系统应用、科学研究和教学实践的成果总结，兼顾基本理论和实践经验，具有几个明显的特点：一是综合了空间信息技术与项目管理理论和方法，提出了空间信息系统技术体系和项目管理框架；二是充分考虑空间信息系统的原理、方法和技术特点，系统地总结了空间信息系统项目从启动、规划、实施直到收尾各阶段的管理方法及相关工具；三是使用了大量国内外的项目案例，深入讨论了项目管理过程中可能出现的问题及解决办法，兼具理论与应用的双重价值。

由于编写时间较紧，作者水平有限，难免出现错误和不足之处，敬请读者提出宝贵意见和建议。

芦　雪

2017 年 1 月

目 录

第1章　绪　论

1.1　地球空间信息学

地球是人类赖以生存的最基本和最重要的物质基础，随着人类改造自然的技术手段、能力的不断增强，人类活动对地球环境的影响也日益凸显。为了更加深入、全面地认识地球，解决人口、资源、环境、灾害等当今人类社会发展面临的重大问题，地球空间信息学应运而生。

地球空间信息学起源于20世纪60年代，它是在遥感（Remote Sensing，RS）、全球定位系统（Global Positioning System，GPS）、地理信息系统（Geographical Information System，GIS）（简称“3S”）技术和信息网络技术等一系列现代信息技术的快速发展和高度集成的推动下，在系统科学、信息科学与地球科学的交叉领域迅速发展起来的一门综合性新兴学科。

1.1.1　地球空间信息学的定义

1975年，法国大地测量和摄影测量学家Bernart Dubuisson首次在科学文献中使用法文“Geomatique”，随即各国学者对“Geomatics”这一术语给出了多种定义并加以广泛使用。

1996年，国际标准化组织（ISO）给出了“Geomatics”的定义：“Geomatics is a field of activity which, using a systematic approach, integrates all the means used to acquire and manage spatial data required as part of scientific, administrative, legal and technical operations involved in the process of production and management of spatial information. These activities include, but are not limited to, cartography, control surveying, digital mapping, geodesy, geographic information systems, hydrography, land information management, land surveying, mining surveying, photogrammetry and remote sensing.”ISO还给出了简明的定义：“Geomatics is the modern scientific term referring to the integrated approach of measurement, analysis, management and display of spatial data.”中文定义为：地球空间信息科学是一个十分活跃的学科领域，它是以系统方式集成所有获取和管理空间数据的方法，这些方法是作为空间信息产生和管理过程中所进行的科学的、管理的、法律的和技术的操作的一部分。这些学科包括但不限于地图制图、控制测量、数字制

图、大地测量、地理信息系统、水文学、土地信息管理、土地测量、矿山测量、摄影测量与遥感。简要定义为:地球空间信息科学是集成空间数据量测、分析、管理和显示等方式的现代科学术语。

2000 年,我国李德仁院士综合了国外学者的研究观点,将“Geomatics”拆分为两部分理解:“Geo”理解为“Geo - spatial”,译为地球空间;“matics”理解为“informatics”或“mathematics”,译为信息学,并将“Geomatics”译为地球空间信息学。并给予如下定义:地球空间信息科学(geo - spatial information science,简称 Geomatics),是以全球定位系统、地理信息系统、遥感等空间信息技术为主要内容,并以计算机技术和通信技术为主要技术支撑,用于采集、量测、分析、存储、管理、显示、传播和应用与地球和空间分布有关数据的一门综合和集成的信息科学和技术。该定义充分反映了 ISO 对“Geomatics”所下定义的完整内容,反映了传统测绘科学与遥感、地理信息系统、多媒体通信等现代计算机科学和信息科学的集成,标志着推动地球科学研究从定性走向定量、从模拟走向数字、从孤立静止走向整体动态乃至实时的信息化过程。

1.1.2 地球空间信息学的特点

地球空间信息学是地球科学的一个前沿领域,是地球信息科学的重要组成部分,是数字地球的基础,其具有以下特点:

(1) 多学科交叉的新兴学科。地球空间信息学以包含“3S”技术为代表,不仅包含了现代测绘学的全部内容,而且还涉及计算机技术、通信技术等信息技术,体现了多学科的渗透、交叉。

(2) 强调空间数据信息流全过程。地球空间信息学不局限于数据采集,强调对地球空间数据和信息的采集、处理、量测、分析、管理、存储、显示和发布的全过程。

(3) 提供多传感器、实时动态空间信息。利用各种星载、机载和舰载传感器,实时/准实时地提供随时空变化的地球空间信息,并将空间数据与其他专业数据进行综合分析。

(4)应用范围广阔。地球空间信息学的应用已扩展到与空间分布有关的诸多领域,如资源、国土、生态、城市、军事等。

1.2 空间信息系统的技术体系及特点

1.2.1 空间信息系统的技术体系

空间信息科学以 3S 技术为核心,而空间信息系统同样以 3S 技术为支撑,它是地球空间信息学的科学技术体系和集成化技术系统,是整体、实时与动态的对地观测、分析和应用的运行系统。

空间信息系统将全球定位系统、航空和航天遥感、地理信息系统及其集成系统与通信技术、互联网技术等现代信息技术交叉融合,涵盖了地球空间数据和信息从采集、处理、量测、分析、管理、存储到显示和发布的全过程,逐渐形成了空间信息系统的集成化技术体系(如图1-1所示)。它是实现空间信息从采集到应用的技术保证,并能在自动化、时效性、可靠性等方面满足人们的需求。

在空间信息系统的技术体系构成中,全球定位系统、遥感、地理信息系统以及集成系统是构成要素,空间信息采集、传输、处理及应用是技术过程,3S技术中每种技术均涉及该四个过程,具体如下:

1. 全球定位系统

全球定位系统是一种高精度、全天候和全球性的无线电导航、定位和授时系统。利用在设定的精确轨道上运行的一定数量(至少2颗)的卫星,持续不断地向地面发送特定的无线电信号,使在空中、海面和陆地上的每个接收机能同时收到来自若干颗卫星的信号,从而解算出在全球统一时空基准中的三维大地坐标,并获得准确授时,可为航空、航天、陆地、海洋等用户提供不同精度的在线或离线的空间定位数据。

全球定位系统通常以导航地图数据、深度信息点数据、动态交通信息数据为基础数据源,由地面控制中心进行信号转发和整个系统的监控,并将数据传输到导航、数据处理等基础软件和定位、综合认证测试、行业应用等平台软件,以及定位、导航、授时和通信等终端设备;在时间、导航和定位通信等方面开展运营服务。

2. 遥感

遥感,直译为"遥远的感知",广义上泛指从远处探测、感知物体或事物的技术,即不直接接触物体本身,从远处通过仪器(传感器)探测和接收来自目标物体的信息(如电场、磁场、电磁波、地震波等信息),经过信息的传输及其处理分析,识别物体的属性及其分布等特征的技术。其突出特点是周期性、宏观性、实用性和综合性。遥感是一种高效能的信息采集技术,可以进行信息处理和信息应用的综合信息流程,具有信息获取的瞬时性、信息的丰富性和信息的周期性等特点,是地理信息系统获取信息和进行数据采集更新的一种重要手段。遥感技术在过去的几十年里已在大面积资源调查、环境监测等方面发挥了重要作用。

遥感数据由卫星、飞机等平台搭载的传感器获取,经过数据压缩传送至地面接收系统并进行预处理,再经过遥感数据处理系统和产品生产系统转化为可被各行业应用的遥感影像和专题产品,并应用于国土、环保、应急减灾等各个方面。

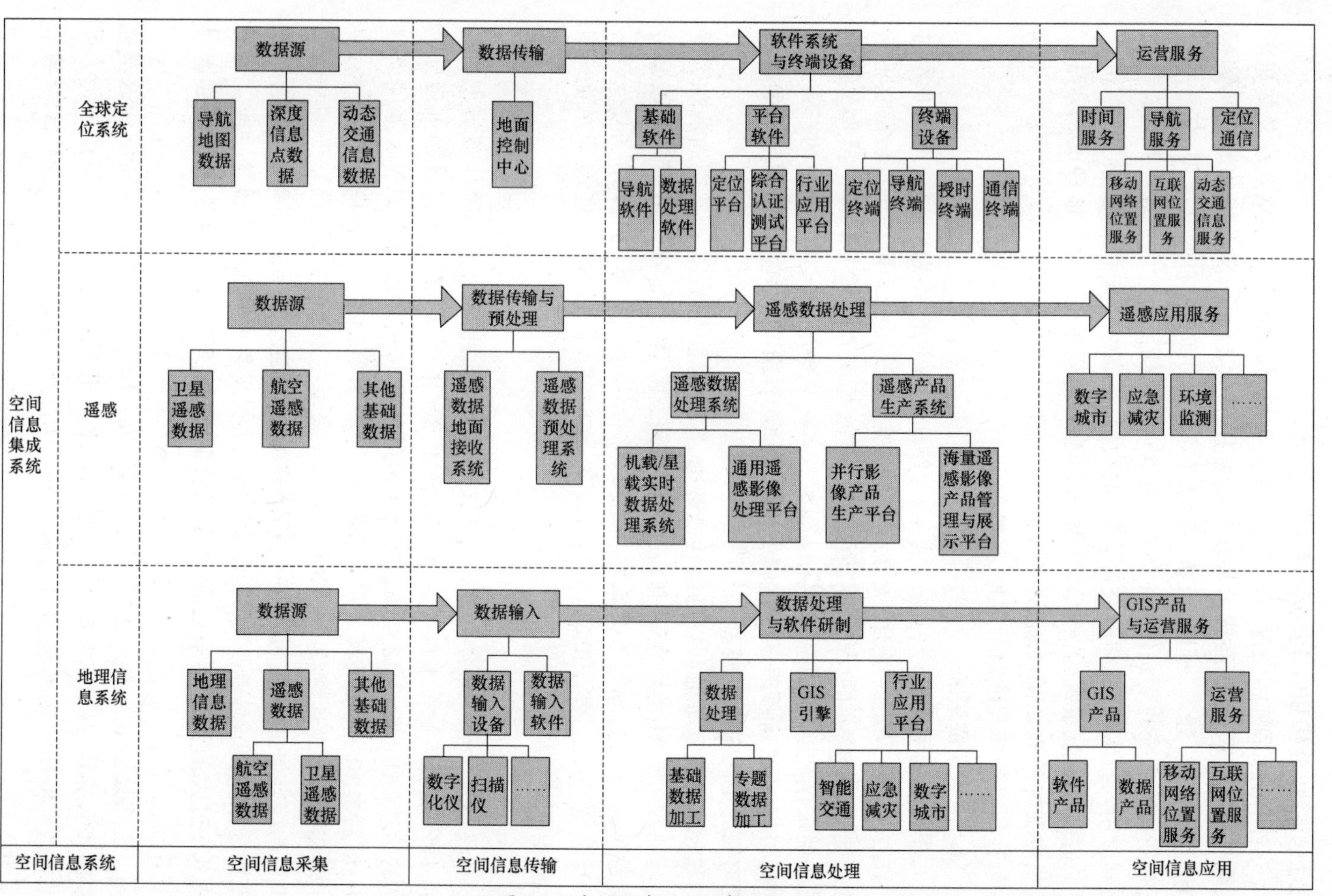

图1-1 空间信息系统的技术体系

3. 地理信息系统

地理信息系统由加拿大的 Roger F. Tomlinson 和美国的 Duane F. Marble 在不同地方、从不同角度提出，它是一种采集、处理、传输、存储、管理、查询检索、分析、表达和应用地理信息的计算机系统，也称为空间数据的管理系统。它通过对空间和时间数据信息的组织管理和处理分析，可以满足使用者对研究对象的分析、评价和决策，是集计算机科学、测绘学、遥感学、环境科学、空间科学、信息科学、管理科学等学科为一体的新兴边缘学科。GIS 技术被各行各业用于建立各种不同尺度的空间数据库和决策支持系统，向用户提供多种形式的空间查询、分析和辅助规划决策功能。

地理信息数据包括空间数据和属性数据，通常由地形图、遥感影像、GPS 等方式获取数据源，经过人机交互仪、数字化仪、扫描仪等数据输入设备和相应的软件，生成地理信息数据库，进行进一步数据处理和平台软件、行业应用软件的生产，可以提供软件和数据产品生产以及各行业的应用服务。

4. 空间信息集成系统

随着“3S”技术的发展和应用的深入，人们逐渐认识到单独运用其中的某一种技术往往不能满足一些工程或项目的需求，需要综合运用这些技术的特长以提供所需的对地观测、信息处理、分析模拟的能力。

全球定位技术、航空航天遥感、地理信息系统和互联网等现代信息技术的发展及其相互间的渗透，逐渐形成了地球空间信息的集成化技术系统。空间信息系统集成是指将以上三种对地观测技术及其他相关技术有机地集成为一个整体。其中，全球定位系统是以卫星为基础的无线电测时定位、导航系统，用于向用户实时、快速地提供目标，包括各类传感器和运载平台（车、船、飞机、卫星等）的空间位置；遥感用于实时或准实时地提供目标及其环境的语义或非语义信息，发现地球表面上的各种变化，及时对 GIS 进行数据更新；地理信息系统对多种来源的时空数据进行综合处理、集成管理、动态存取，向用户提供多种形式的空间信息查询、分析和辅助规划决策。

1.2.2 空间信息系统的特点

基于空间信息系统的技术体系构成，其特点总结如下：

1. 以地球空间信息机理为理论基础

地球空间信息广义上指各种空载、星载、车载和地面测地遥感技术所获取的地球系统各圈层物质要素存在的空间分布和时序变化及其相互作用信息的总体。地球空间信息机理通过对地球圈层间信息传输过程与物理机制的研究，揭示地球几何形态和空间分布及变化规律，是空间信息系统的重要理论支撑。它主要包括地球空间信息的基准、标准、时空变化、认知、不确定性、解译与反演、表达与可视化等基础理论问题。

2. 兼具独立性和综合性

空间信息系统既包括全球定位系统、遥感、地理信息系统这三个独立的系统,还包括这三个系统之间及与其他技术间的集成系统,是一个高度综合、复杂的巨系统。三个系统各自具有完整的技术体系和产业链,可以独立运转,但随着应用的深入,需要充分发挥各系统的特长,并与其他技术融合,进行集成化运用和协同化作业。

3. 涵盖空间信息采集、传输、处理、应用的全过程

空间信息系统涵盖了地球空间数据和信息从采集、处理、量测、分析、管理、存储到显示和发布的全过程,形成了海陆空天一体化的传感器网络并与全球信息网格相集成,从而实现自动化、智能化和实时化的回答何时(When)、何地(Where)、何目标(What Object)、发生了何种变化(What Change)的问题,并且把这些时空信息(即4W)随时随地提供给每个人,服务到每件事(4A服务:Anyone,Anything,Anytime and Anywhere)。

4. 涉及多行业、多领域、多条产业链

空间信息系统涉及高端装备制造、硬件设备生产、软件系统研发、行业应用、咨询服务等多个行业和领域,包括平台设计制造、硬件设备研制、基础设施建设、软件研发、信息处理、技术研究、应用服务等多条产业链,与空间信息相关的科研机构、高校、企事业单位甚至大众用户均参与其中。

5. 应用广泛,产业发展潜力巨大

空间信息技术是具有革命性的新兴技术,具有强大的创新推动力,是改造传统行业的重要手段。空间信息系统的应用范围极其广泛,可分为三类应用市场:行业应用包括国土、资源、交通、水利、电力、农业、地质、旅游等;大众应用包括车辆通信导航、个人位置服务、电子地图、娱乐等;特殊应用包括军事指挥、公安武警预警指挥、应急救援等。空间信息产业的产值正以超出预计的速度飞速增长,其人才需求量极大,将创造更多的非政府部门和民营企业就业机会,具有巨大的潜力和旺盛的生命力。

1.3 空间信息系统项目管理需求

1.3.1 空间信息系统项目

项目是为提供某项独特的产品、服务或成果所进行的临时的一次性努力,也即使用有限的资源、有限的时间为特定客户完成特定目标的一次性工作。项目具有临时性、独特性和渐进性。

空间信息系统项目是根据应用需求,将复杂的硬件、软件、业务、信息、服务和人有机地结合起来，优选各种数据、技术和产品，进行空间信息数据处理、系统开发、设备研制、产品生产及应用服务，最大限度地整合各种资源并使之能协调工作，发挥整体效益，达到整体优化的目的。

空间信息系统项目具有以下特点：

(1) 与空间数据联系紧密。空间信息系统以地球空间环境为研究对象，而空间数据具有多维的特性，对空间数据的管理无法用一套标准来描述，且地学方法本身具有很高的复杂性，使空间信息系统任务目标、内容具有不确定性，使得空间信息系统项目管理更需要关心项目过程。

(2) 创新度高。空间信息产业是国家战略性新兴产业，具有高技术含量和高专业性，通常在项目实施过程中需要使用大量的新数据、新技术、新方法，很多技术手段甚至是首创，使得结果具有很大的不可预测性，增加了项目的风险。

(3) 高度定制。空间信息系统项目需要开发研制大量的软硬件系统，由于应用行业特征较明显、行业差异较大，渗透到其他行业较困难，每个项目都和其他项目不完全一样，因此需要进行一定的定制。同时，用户对服务要求较高，需求变化频繁，系统使用维护复杂，要客户满意相对困难。

(4) 开发设计人员高度专业化。空间信息系统具有智力密集型的特点，开发设计人员一般都高度专业化，在不同的业务环节中还会涉及不同机构、不同专业的人员和技术，使得人员间联系复杂，管理、协调难度大。

(5) 高投入、高风险。通常空间信息系统项目的生命周期都较短，但投入的资金数额很大，少则几十万元，多则数百万、数千万甚至数亿元，且有相当部分为国家投入资金，一旦项目失败将给国家、单位带来巨大的损失，因此项目有很高的风险。

(6) 保密要求高。由于空间信息系统项目中使用空间数据、卫星资源等，涉及国家安全、外交利益，因此对系统开发单位资质审查、数据传输及使用过程、信息安全技术、系统设计等多方面有很高的保密要求，也加大了项目实施难度。

1.3.2 空间信息系统项目管理研究进展

在“3S”技术迅速发展的几十年间，国内外形成了大量著作，如刘基余等的《全球定位系统原理及其应用》(测绘出版社，1993)、陈述彭等的《遥感地学分析》(测绘出版社，1990)、美国 F. F. 萨宾的《遥感原理及其解释》(地质出版社，1981)、邬伦等的《地理信息系统教程》(北京大学出版社，1994)、美国 Antenucci 的 Geographic Information System(地理信息系统)(1991)等，分别阐述了全球定位系统、遥感、地理信息系统的概念、原理、方法手段及其应用，已经形成了较为完整且成熟的知识体系。

然而,系统论述空间信息系统的著作并不多,经典的有李德仁院士等的《信息新视角——悄然崛起的地球空间信息学》(湖北教育出版社,2000)、《空间信息系统集成与实现》(湖北教育出版社,2000),对地球空间信息学的形成、相关理论、应用以及空间信息系统的概念、集成和实现的方法、手段进行了详尽的阐述。文献方面,则更多偏重于空间信息系统在军事领域的运用,如邹鹏等的《空间信息系统体系结构描述框架》(空军军事学术,2001)、管清波等的《空间信息系统支持下武器作战效能仿真数据分析》(系统仿真技术,2011)、黄小钰等的《空间信息系统在弹道导弹防御中的效能评估框架》(电光与控制,2011)。

随着"3S"技术在各行业应用的深入,一些学者借用项目管理、软件工程等领域的知识和经验,为应用实践提供理论基础和实施指南,但多为针对地理信息系统领域的项目管理著作,如孔云峰等的《GIS 分析、设计与项目管理》(科学出版社,2008)、Huxhold 等的 Managing Information System Project(管理地理信息系统项目)等,鲜有针对全球定位系统、遥感以及空间信息系统领域的项目管理著作。

综上所述,空间信息系统项目管理的研究进展总结如下:

(1) 全球定位系统、遥感、地理信息系统等独立的知识体系已经较为成熟;

(2) 空间信息系统的理论、集成技术已经建立,需要进一步深入研究;

(3) 空间信息系统的项目管理多针对地理信息系统领域,处于探索阶段,尚未全面应用于整个"3S"领域。

1.3.3 空间信息系统项目管理需求

"3S"技术已经渗透到多个行业和部门,具有很大的应用潜力。但是,3S 技术本身并不会自动转化为应用,它需要在组织、制度、业务与管理环境中通过严谨的信息处理、系统开发、设备研制和有效的项目管理,才能将空间信息和 3S 技术成功应用于组织的业务处理、日常管理和战略决策中。

二十多年来,中国的 3S 技术飞速发展,但相关项目的实施并不顺利,如软件系统即使完成了开发、测试、安装,用户仍难以投入使用;新技术的使用导致项目延期,不能按时完工;受到资金限制,选择的空间数据质量较差无法满足应用需求,导致项目失败,等等。如果将空间信息系统项目与建筑项目的基本特征做比较(表 1-1),就不难理解项目失败的原因了。

表 1-1 建筑项目与空间信息系统项目特征比较

特征	建筑项目	空间信息系统项目
组成要素	砖、钢筋、水泥、室内设施等	空间数据、航天器、软件、计算机、网络、用户终端等

（续）

特征	建筑项目	空间信息系统项目
项目目标	目标清晰，决策过程简单，容易制定实施计划	目标和范围不清晰，决策过程复杂，实施计划困难
技术	技术成熟，操作简单，过程标准化	技术新、创新度高、难度大、多样化
行业	千年行业历史、大量企业、市场成熟、标准化作业	仅几十年行业历史、行业单位少、市场混乱、缺乏标准
资金管理	容易，成本效益分析简单	困难，成本效益估算困难
人员	少量技术人员、大量劳务人员，人员集中、易于管理	少量管理人员，大量技术人员，人员构成复杂、参与机构多，不易管理
风险	风险小、可控，主要考虑市场回报	风险大、不易控，存在技术、管理、投资等多方面风险

从项目组成要素、目标、技术、行业、资金管理、人员和风险等方面，空间信息系统项目均具有较高的复杂性。常见的项目管理问题主要有：空间数据的可获得性差，用户的专业技术知识缺乏，系统可行性研究和评估形式化，系统设计目标过高，过于追求技术的先进性和创新性等。可见，如果没有良好的组织环境和项目管理，空间信息系统项目的实施和管理将存在极大的困难，有效的项目管理对于空间信息系统项目的实施是极为必要的。

1.3.4 空间信息系统开发与管理理念思辨

十余年来，中国空间信息系统应用的一个最重要趋势是从技术推动向需求牵引转变。由于地理空间信息的独特性和空间信息系统技术的复杂性，解决技术问题往往是最困难的、需要优先考虑的，技术一直是研究、开发、教育和培训的核心。这使不少人形成了技术中心主义倾向，认为最新的技术即是最好的、最有用的。

随着空间信息技术的大量应用，技术中心主义的局限性逐渐显现。其忽略了两个基本事实：空间信息技术对于最终用户仍然很复杂，不够成熟；人、组织与技术之间存在复杂的互动关系，不能仅从技术出发忽略人在技术应用中所起的作用。以前参与空间信息系统项目的多是行业内的技术专家，而现在的用户多是普通人员，不太关心复杂的技术问题。自然地，空间信息系统应用转向了需求牵引阶段。

与技术中心主义相比，需求牵引的空间信息系统应用有了一些新的特征：

（1）注重组织是否需要引进空间信息系统技术，引进技术的可行性如何，到哪里寻找项目顾问或技术供应商；

(2) 用户主要追求系统的效益、管理的完善或服务质量的提高,而不仅仅是技术创新,技术应依从于个人、服务于组织管理;

(3) 组织内部信息部门的员工角色有了变化,组织需要的是信息系统而不是信息技术本身,需要的是信息专家而不是计算机专家,组织不是为技术而投资,而是考虑技术的回报;

(4) 从组织管理的角度确定项目目标、范围的定位,通过用户需求调查的方式确定系统的基本功能。

因此,与技术推动和需求牵引相对应的是两种项目思维模式:以技术为中心和以需求为中心。从组织管理的角度理解和分析空间信息系统开发和应用,有三种价值倾向:技术决定论、管理理性和社会交互论。技术决定论者认为,所有的问题都可以用新技术来解决;管理理性的追随者认为,技术是空间信息管理的工具,可以从组织管理的需求出发合理利用技术为组织提供信息处理、决策支持等,要获得技术应用成功,技术和组织间要相互适应;而社会交互论者认为,空间信息系统的应用不仅受社会现实的约束或激励,也反作用于社会组织,两者互为作用和影响。本书在一定程度上从管理理性的角度,适当补充技术与社会互动的理念,为空间信息系统分析、设计和管理构造一个理论框架和实施方法。

同时,项目管理是指在项目规划、设计与实施过程中,为达到组织制定的项目目标而进行的关于项目组织、计划、费用、质量、风险等方面的管理工作。空间信息系统项目管理工作重点是依据组织与项目的特点,有计划地进行用户调查、需求分析、解决方案制定和可行性研究,确定项目的目标和范围,制定出可行的项目战略规划和系统设计,并对系统实施进行综合管理,保证项目的成功和系统运行。

1.4 本书知识体系与章节结构

为满足空间信息系统项目管理的知识需求,除第 1 章绪论外,本书知识体系划分为三大部分:技术及产业发展(第 2 章)、基本理论(第 3 章)、方法论与实践(第 4 章 ~ 第 14 章)。本书的理论、方法主要建立在地球空间信息学、空间信息系统技术、信息系统、组织与管理科学、项目管理等基础理论之上,各章内容如下:

第 1 章:绪论。讨论地球空间信息学的定义及特点、空间信息系统的技术体系、特点及项目管理需求,即为什么要将项目管理引入空间信息系统。本章概要介绍了地球空间信息学的定义和特点,阐述了空间信息系统的技术体系和特点,综述相关研究进展,提出了空间信息系统项目管理需求,并介绍了本书的章节、结构。

第2章:空间信息技术及产业发展。讨论空间信息技术、产业的发展概况及趋势,指出空间信息产业面临的机遇与挑战。

第3章:空间信息系统项目管理。简要介绍项目管理的基本概念、基础知识,讨论空间信息系统项目管理的基本要素,提出空间信息系统项目管理的基本框架。

第4章:空间信息系统战略管理与项目启动。介绍了空间信息系统项目的战略管理和筹备、启动的内容、过程和方法。并通过具体的实践案例讨论了空间信息系统项目的启动、可行性分析和投资可行性分析的内容。

第5章~第13章:分别就空间信息系统项目整合管理、范围管理、时间管理、成本管理、质量管理、人力资源管理、沟通管理、风险管理、采购管理等九个管理领域的内容、过程和方法进行了介绍,并通过具体的案例进行了进一步讨论。

第14章:大型复杂空间信息系统项目管理。介绍了大型复杂空间信息系统项目的特点、分解以及计划、实施与控制过程,并通过具体的案例进行了进一步讨论。

第2章　空间信息技术及产业发展

2.1　空间信息技术发展概况及趋势

空间信息系统中的全球定位系统、航空航天遥感和地理信息系统技术有着独立且平行的发展成就，这三种技术均萌芽于20世纪60年代，并在随后的几十年里得到了迅速发展。

2.1.1　全球定位系统

1. 全球定位系统发展概况

1958年，美国霍普金斯大学应用物理研究室的麦克卢尔通过收听苏联发射的人造地球卫星无线电信号，提出：已知卫星轨道参数，根据多普勒频移的大小，可求得地面上接收点的位置，把人造卫星和定位联系起来。1958年12月，美国海军武器实验室委托该研究室研制美国海军导弹潜艇用的卫星导航系统，即海军导航卫星系统（Navy Navigation Satellite System，NNSS），又称子午仪（Transit）系统，该系统1964年1月研制成功并交付使用，但该系统在实际应用中存在种种无法解决的不足。1973年美国国防部批准成立了一个联合计划局，开始全球定位系统（Global Positioning System，GPS）的研究和论证工作。GPS系统经过漫长的研究、试验和组网阶段，于1994年3月10日24颗工作卫星进入预定轨道，系统投入全面运行。它不仅能在世界上任何一个地方任何时候同时收到4颗卫星信号进行高精度的三维测定，还能实时进行对运载体三维速度的测定和高精度的授时，该系统是目前世界上应用最广泛的卫星导航系统。

苏联于1978年开始研制全球导航卫星系统（Globa1 Navigation Satellite System，GLONASS）。该系统与GPS相似，也由24颗卫星组成空间星座，也可为海洋、陆地、空间用户提供位置、速度和精密时间，但卫星运行轨道、发射频率和所用坐标系统与GPS不同。1996年1月18日，GLONASS的24颗卫星星座建成，系统投入正常运行。目前，已推出可接收GPS信号和GLONASS信号的接收机，可用于接收两种系统48颗卫星中任意组合的4颗卫星的信号来定位，定位精度明显提高。

20世纪80年代初，我国开始积极探索适合国情的卫星导航系统。2000

年，初步建成北斗卫星导航试验系统，标志着中国成为继美国、俄罗斯之后世界上第三个拥有自主卫星导航系统的国家。

北斗卫星导航系统（Compass）是中国自主建设、独立运行，并与世界其他卫星导航系统兼容共用的全球卫星导航系统。该系统可在全球范围内全天候、全天时为各类用户提供高精度、高可靠的定位、导航、授时服务，并兼具短报文通信能力。北斗系统在推进国家信息化建设、降低经济社会运行成本、提高民众生活质量等方面发挥着积极作用。北斗系统的产业化市场前景十分广阔。目前，我国正在稳步推进北斗卫星导航系统的建设。2012 年 12 月 27 日，中国宣布北斗卫星导航区域系统从当日起正式提供区域服务。预计到 2020 年将全面建成北斗卫星导航系统，形成全球覆盖能力。

到 2020 年前，将有四大卫星导航系统，包括美国的 GPS、我国的北斗卫星导航系统、俄罗斯的 GLONASS、欧盟的伽利略卫星定位系统（Galileo Positioning System）。四大卫星导航系统各有千秋：GLONASS 的民用精度较高，GPS 只能找到街道，而 Ga1ileo 却能找到车库的门，北斗的特长如可通过短信让他人获知自己的位置是其他导航系统目前所不具备的。其他系统仅允许作为区域系统或广域增强系统加入。例如，日本的 QZSS（准天顶卫星系统）、MSAS（多功能卫星增强系统），印度的 IRNSS（印度无线电导航卫星系统）、GAGAN（静地增强导航）等。

2. 全球定位系统发展趋势

1）单一的 GPS 系统向多星并存兼容的 GNSS 转变

随着四大卫星导航系统“竞风流”局面的出现，必然出现系统协调和整体利用的再设计、再评估、再利用问题，这不仅涉及系统的兼容互用和整合集成，更重要的是涉及应用技术、服务市场、管理协调，充分享用国内外的卫星导航信号资源，实现最优化配置和最佳化利用，达到投入最小化和产出最大化。

2）导航卫星应用技术与产品层出不穷

卫星导航应用技术的进步以接收机为核心，多年来，接收机技术及芯片技术飞速提升，质量成倍减轻，价格不断降低；车辆导航仪、定位手机、行驶记录仪、监控终端等应用终端发展迅速、功能强大；各种应用服务系统快速进入市场和各行业，对提高生产效率、改善生活质量、推动经济发展发挥了不可替代的作用。

3）导航卫星技术发展的推动力演变为市场为主体

GPS 建设初期主要动力来自军用需求和技术牵引，随着系统变为军民两用发展，市场和产业的需求更加广泛和多样，迫使技术发展驱动力更多来源于需求推动，即产业、市场和用户的需求。这种转变为我们提出了更高的要求，要紧跟用户需求，在概念上不断创新、在性能上不断提高、在系统上不断完善、在应用上不断扩大深化。

4）多手段集成发展

除了卫星导航及其增强外，还利用非卫星导航技术手段，从以卫星导航为应用主体转变为PNT（定位、导航、授时）与移动通信和因特网等信息载体融合的新时期，开创位置信息融合化和产业一体化，以及智能化应用的新局面；从室外导航转变为室内外无缝导航新时空体系的新纪元，开创以卫星导航为基石的多手段融合、天地一体化、服务泛在化、智能化的新时代。

5）多技术融合发展

卫星导航技术将出现多元化多层次的局面，除GPS类卫星导航技术和系统外，将会出现局部应用、部门应用、专业专项应用的卫星导航技术和系统。同时，卫星导航定位技术将与地面移动通信网、广播网、局域传感网、局域通信网的定位技术相融合，与惯性导航、MEMS、地磁导航、光学图像、声学导航等非无线电技术紧密组合，形成双向、多频、多模、声光电磁、导航定位通信一体化的总体发展趋势，以便充分发挥各种系统的优势，形成高精度、高性能的室内外、空中、地面均能应用的、能实时交流的卫星定位、导航、授时和通信系统。

2.1.2 航空、航天遥感

1. 遥感发展概况

自苏联宇航员加加林首次进入太空后，从20世纪60年代起，航天技术迅速发展，“遥感”一词首先是由美国海军科学研究部的布鲁依特（E. L. Pruitt）提出来的，20世纪60年代初在由美国密歇根大学等组织发起的环境科学讨论会上正式被采用，此后“遥感”这一术语得到科学技术界的普遍认同和接受。1957年10月4日，苏联发射了人类第一颗人造地球卫星，标志着遥感新时期的开始。随着新型传感器的研制成功和应用、信息传输与处理技术的发展，美国在一系列试验的基础上，于20世纪70年代初（1972. 7. 23）发射了用于探测地球资源和环境的地球资源技术卫星“ERTS－1”（陆地卫星－1），为航天遥感的发展及广泛应用开创了一个新局面。

至今世界各国共发射了各种人造地球卫星超过3000颗，其中大部分为军事侦察卫星（约占60%），用于科学研究及地球资源探测和环境监测的有气象卫星系列、陆地卫星系列、海洋卫星系列、测地卫星系列、天文观测卫星系列和通信卫星系列等，通过不同高度的卫星及其载有的不同类型的传感器，不间断地获得地球上的各种信息。现代遥感充分发挥航空遥感和航天遥感的各自优势，并融合为一个整体，构成了现代遥感技术系统。

当前，就遥感的总体发展而言，美国在运载工具、传感器研制、图像处理、基础理论及应用等遥感各个领域（包括数量、质量及规模上）均处于领先地位，体现了现今遥感技术发展的水平。苏联也曾是遥感的超级大国，尤其在其运载工具的发射能力，以及遥感资料的数量和应用上都具有一定的优势。此外，西欧、加拿大、日本等发达国家也都在积极地发展各自的空间技术，研制和发射自己的卫星系统，例如法国的SPOT卫星系列，日本的JERS和MOS系列卫星等。中国、巴西、泰国、印度、埃及和墨西哥等发展中国家对遥感技术的发展也极为重视，纷纷将其列入国家发展规划中，已建立起专业化的研究应用中心和管理机构，形成了一定规模的专业化遥感技术队伍，取得了一批较高水平的成果。

中国的遥感技术从20世纪70年代起步，经过几十年的艰苦努力，已发展到目前的实用化和国际化阶段，形成了一个从地面到空中乃至空间，从信息数据收集、处理到判读分析和应用，对全球进行探测和监测的多层次、多视角、多领域的观测体系，具备了为国民经济建设服务的实用化能力和全方位地开展国际合作使其走向世界的国际化能力，成为获取地球资源与环境信息的重要手段，被广泛应用于国民经济发展的各个方面，如土地资源调查和管理、农作物估产、地质勘查、海洋环境监测、灾害监测、全球变化研究等，形成了适合中国国情的技术发展和应用推广的模式。

2. 遥感发展趋势

未来，遥感的发展趋势表现在以下几个方面：

1）遥感数据源多样化

信息技术和传感器技术的飞速发展带来了遥感数据源的极大丰富，每天都有数量庞大的不同分辨率的遥感信息，从各种传感器上接收下来。这些高分辨率、高光谱的遥感数据为遥感定量化、动态化、网络化、实用化和产业化及利用遥感数据进行地物特征的提取，提供了丰富的数据源。

2）遥感信息定量化

遥感信息定量化是指通过实验的或物理的模型将遥感信息与观测目标参量联系起来，将遥感信息定量地反演或推算为某些地学、生物学及大气等观测目标参量。遥感信息定量化研究涉及各种遥感应用模型和方法、多种学科及领域。GIS的实现和发展及全球变化研究更需要遥感信息的定量化，遥感信息定量化研究在当前遥感发展中具有牵一发而动全局的作用，因而是当前遥感发展的前沿。

3）遥感智能化

遥感智能化表现在遥感传感器的可编程、影像识别和影像知识的挖掘、地物波谱库的建立及高光谱自动识别系统的使用等方面，这些不仅使用户可以获得多角度、高时间密度的数据，而且可以大大加快数据定位速度，提高生产效率。

4）遥感动态化

由于小卫星技术的发展，使得卫星造价很低，因此卫星网络计划得以顺利实施。NASA 的“传感器网络”及雷达微波技术的发展，更使用户可以获得全天候的遥感数据，这一切都为遥感动态监测创造了条件，使遥感数据真正实现了“四维”（空间维和时间维）信息获取。

5）遥感产品网络化

现在，网络化的 GIS、RS 产品得到越来越广泛的应用。概括起来，其应用方向分为两大类：一类为基于 Internet 的公共信息在线服务，为公众提供交通、旅游、餐饮娱乐、房地产、购物等与空间信息有关的信息服务；另外一类应用为基于 Intranet 的企业内部业务管理，随着企业 Intranet 应用的深入和发展，基于 Intranet 的网络化的 GIS、RS 产品应用会有越来越大的市场，这无疑是未来的发展方向。

6）遥感实用化、工程化与产业化

近年来，随着遥感技术突飞猛进的发展，大量有实力的商业公司加入到遥感应用领域。它们不仅为遥感行业带入了大量资金，而且使应用成本快速下降，因此遥感技术产业化已经成为必然趋势。但是遥感产业化还存在许多关键问题有待研究，其中遥感工程应用技术及工程标准是急需解决的问题。

2.1.3 地理信息系统

1. 地理信息系统发展概况

20 世纪 50 年代，随着电子计算机科学的兴起及其在航空摄影测量学与地图制图学中的应用，以及政府部门对土地利用规划与资源管理的要求，人们开始有可能用电子计算机来收集、存储、处理各种与空间和地理分布有关的图形及有属性的数据，并通过计算机对数据的分析来直接为管理和决策服务，这促成了现代意义上的地理信息系统的问世。

1956 年，奥地利测绘部门首先用电子计算机建立了地籍数据库，随后，各国的土地测绘和管理部门都逐步发展土地信息系统（LIS）用于地籍管理。1963 年，加拿大测量学家 R. F. Tomlinson 首先提出了“地理信息”这一术语，并于 1971 年建立了世界上第一个 GIS——加拿大地理信息系统（CGIS），用于自然资源的管理和规划。稍后，美国哈佛大学研究出 SYMAP 系统软件。当时计算机水平的限制，使得 GIS 带有更多的机助制图色彩，地学分析功能极为简单。20 世纪 80 年代中后期，地理信息系统技术在世界各国的各个领域得到了广泛应用。在美国及发达国家由于 GIS 是用来管理、分析空间数据的信息系统，所以几乎所有使用空间数据和空间信息的部门都可以应用 GIS。目前 GIS 带动的产业急剧膨胀，已经深入到市政工程、企业决策、资源管理等各个方面的一百多个领域。在北美和西欧一些国家,GIS 已经被纳入 IT 之中,在政府的统计和法律文件中给予了 GIS 明确的地位。甚至一项地理信息标准,需要由国家首脑颁布法令加以实施。在联合国,也设立了专门机构和召开了专门会议讨论 GIS 的应用。GIS 正朝着一个可运行的、分布式的、开放的、网络化的全球 GIS 发展。

我国地理信息系统方面的工作自 20 世纪 80 年代初开始,以 1980 年中国科学院遥感应用研究所成立全国第一个地理信息系统研究室为标志。在此之前,中国开展了遥感应用研究和计算机地图制图研究。20 世纪 80 年代中期以后,一些大学和研究机构开始引进国外地理信息系统软件,开展应用研究,并开始应用其建立国家 1∶100 万地图数据库。20 世纪 80 年代末,一些学校和研究机构在消化吸收应用国外地理信息系统软件的基础上,相继研制开发了一些地理信息系统原型。20 世纪 90 年代初,中国研制出一些实用的 GIS 软件,开始在中国市场上推广使用。这些软件主要基于微机平台和 Windows 操作系统。为了推动软件的应用和商品化,几个软件开发单位都成立了相应的公司,专门从事软件的开发、产品测试与商品化包装及应用服务培训。地理信息系统进入发展阶段的标志是第七个五年计划开始,GIS 研究作为政府行为,正式列入国家科技攻关计划,开始了有计划、有组织、有目标的科学研究、应用实验和工程建设工作。通过几十年的发展,我国地理信息系统在理论探索、硬件配制、软件研制、规范制定、区域试验研究、局部系统建立、初步应用试验和技术队伍培养等方面都取得了进步,积累了经验,为在全国范围内展开地理信息系统的研究和应用奠定了基础。

2. 地理信息系统技术发展趋势

近年来地理信息系统技术发展迅速,其主要的原动力来自日益广泛的应用领域对地理信息系统技术不断提高的要求。另外,计算机科学的飞速发展为地理信息系统提供了先进的工具和手段,地理信息系统呈现出新的发展趋势。

1) 高新技术与 GIS 的融合发展

地理信息技术的发展将更多融合和集成各类高新技术,空间技术特别是高分辨率对地观测卫星的发展和欧洲伽利略系统的建设,将使地理信息的获取发生新的变革;智能传感器网技术、物联网技术、云计算、移动互联网技术等会更多与地理信息技术融合,用于更广泛的领域,为地理信息产业提供新的机遇。

2) 与其他信息技术的集成发展

现在已经不再是开发单纯的 GIS,而是与其他信息技术进行综合集成,如网络地理信息服务与卫星导航、数字电视、移动单元的集成等,向公众提供方便、实用的信息服务。

3) 从专业领域走向大众

早期的 GIS 主要面向专业人员,用于研究和决策,目前的 GIS 已经大众化,尤其是受到互联网技术的影响,地理信息技术和服务已无处不在。

4）投资重点从软硬件转向数据和人员

早期的 GIS 需要大量资金投入到软硬件、数据和技术开发等方面,目前的 GIS 软硬件投资比例大幅下降,用于数据和人力资源的投资在上升。

5）强调需求与系统定位

早期的 GIS 应用主要受技术发展驱动,而目前的 GIS 技术已较为成熟,用户更关心的是如何将 GIS 引入到日常工作和生活中,关心的重点是组织管理和业务需求。

2.1.4 空间信息系统集成

随着 3S 技术的发展和应用的深化,人们发现单独运用使用其中一种技术已无法满足工程项目要求,需要综合运用各技术的特长形成集成系统,以满足各行业、各类项目不断发展的需求。因此,提出了空间信息系统的集成化发展。

空间信息系统主要有以下几种集成模式:

1. GIS 与 GPS 的集成

利用 GIS 中的电子地图和 GPS 接收机的实时差分定位技术,可以组成 GPS + GIS 的各种电子导航系统,用于交通、公安侦破、车船自动驾驶,也可以直接用 GPS 方法对 GIS 做实时更新。

2. GIS 和 RS 的集成

遥感是 GIS 重要的数据源和数据更新手段,相反,GIS 则是遥感中数据处理的辅助信息,用于语义和非语义信息的自动提取。GIS 和 RS 的集成主要用于变化监测和实时更新,它涉及计算机模式识别和图像理解。在海湾战争中,这种集成方式用来作战场实况的快速勘查,为战场指挥服务,也用于全球变化和环境监测。

3. GPS/INS 和 RS 集成

遥感中的目标定位一直依赖于地面控制点,如果要实时地实现无地面控制的遥感目标定位,则需要将遥感影像获取瞬间的空间位置和传感器姿态用 GPS/INS 方法同步记录下来。目前 GPS 动态相位差分已用于航空/航天摄影测量进行无地面空中三角测量,并称为 GPS 摄影测量,该方法虽然不是实时的,但经事后处理精度可用于生产,并可提高作业效率、缩短周期、节约成本。

4. 3S 整体集成

3S 整体集成是人们所追求的目标,这种系统不仅具有自动、实时的采集、处理和更新数据的功能,而且能够智能地分析和运用数据,为各种应用提供科学的决策咨询。

机载/星载 3S 集成系统在美国已研制成功。通过装在飞机上的 GPS/INS

系统和 OTF 技术实时地求出遥感传感器的全部外方位元素,然后利用 CCD 扫描成像和激光断面扫描仪可同时求出地面目标的空间位置和灰度值。该系统目前主要用于大城市进行 GIS 实时数据采集和更新。

3S 集成具有重大意义,也具有相当难度,集成方式多种多样,需要以市场为牵引,从简到繁,从低成本到高成本发展。

2.1.5 与其他新技术的融合应用

1. 物联网技术

继计算机、互联网与移动通信网之后,物联网(the Internet of Things,IOT)乃至泛在网络(Ubiquitous Network,UN)的出现,为全球信息技术和信息产业的发展开拓了一片蓝海。

物联网就是通过射频识别(RFID)、红外感应器、全球定位系统、激光扫描器等信息传感设备,按约定的协议,把任何物品与互联网连接起来,进行信息交换和通信,以实现智能化识别、定位、跟踪、监控和管理的一种网络。物联网是以感知为目的的"物物互联",实现了人与人、人与机器、机器与机器的互联互通,已成为"智慧地球"的核心部分。美国 START - IT 杂志和 M2M 杂志将物联网市场分为 6 大支柱应用,分别为遥感监测、远程通信与信息处理、智能服务、传感器网络、RFID 和远程控制等。借助物联网的发展,人类可以提高资源利用率和生产力水平,改善人与自然间的关系。

而不论是"数字城市""智慧地球"的构建,还是 M2M(物对人 Machine to Man,人对物 Man to Machine,物对物 Machine to Machine),"4A"(Anytime,Anywhere,Anyone,Anything)的实现,以"3S"技术为主体的空间信息系统,在万物智能互联的物联网中,同样为全面感知和信息的智能化交互提供着不可或缺的有力支撑。

1)空间信息系统在物联网中的网络架构

物联网是以各类传感器节点协作进行实时监测、感知、采集和上传监控区域信息为基础,来实现物理世界、计算机世界和人类社会的连通。传感网是物联网的主要承载网络之一,而构成传感网的典型传感器包括 RFID 装置、各类传感器装置(如红外、超声、温度、湿度、速度等)、图像捕捉装置、全球定位系统、激光扫描仪等。

空间信息系统作为一种部署在太空的特殊的信息获取、传输及处理网络,携带着光学、红外、微波等各类用于空间图像获取、探测、通信的传感器,既是构成物联网的重要感知网络之一,同时也为物联网提供信息服务。例如,遥感卫星的星载成像设备可为物联网用户提供遥感数字图像,导航卫星的星载传感器能为物联网的物物互联提供导航定位服务。空间信息专用网络与其他行业或领域网络构成异构融合传感网，它们通过互联网共同为物联网的应用/平台服务层实现 M2M 的互联。

2）空间信息系统在物联网中的应用

（1）提供精确导航与定位。智能管理作为物联网的三大特征之一，其概念包含了对所有入网互联的“物”的智能跟踪与准确定位，卫星导航作为移动感知技术，是物联网延伸到移动物体采集移动物体信息的重要技术。目前已有的卫星导航定位在物联网中的典型应用有：清华大学研制的清华 GPS 智能巡线系统、煤炭运输车载 GPS/ELS（电子签封系统）管理系统、上海智能物流中心的 GPS 远程可视配货交易系统等。

未来，随着物联网的逐步成熟与深度拓展，“4A”概念下的“物物”相联对于高动态目标的导航需求将日益增多，精确、动态、实时的导航定位信息将必不可少。

（2）提供准实时数字图像。从“数字地球”到“智慧地球”，物联网的构建需要能进行可视化分析的地理信息和数字图像。全面感知作为物联网的特征之一，准实时数字图像的获取是一个重要内容。对地观测卫星系统可以直观、动态、快速、大面积地监测地理目标，提供包括遥感图像、电磁信号等卫星遥感信息，它是构成地球空间信息的重要数据源并具有更高的分辨率和更快的响应速度。

由各种高、中、低轨道相结合，大、中、小卫星相协同，高、中、低分辨率相弥补而组成的对地观测系统，能够为物联网准确有效、快速及时地提供多种空间分辨率、时间分辨率和光谱分辨率的观测数据。

（3）提供基础地理信息平台。为了实现物联网对感知对象的识别、定位、跟踪、监控和管理，需要一种能统一进行空间定位、信息存储、分析的可视化管理平台。因此，可以将地理信息系统作为物联网的基础地理信息平台，实现对物联对象直观、生动、快速的定位、追踪、查找和管理。

（4）提供真实的虚拟展示平台。三维 GIS 技术可为用户提供一个集视觉、听觉、触觉为一体的真实三维虚拟环境，用户可借助特定的装备以自然方式在远程获得与现场等同的感受、经历及体验。利用物联网前端传感器传回的各种信息，可以对被感知的对象进行虚拟重建、再现，从而可以建立具有真实三维景观描述的、可实时交互的、能进行空间分析和查询的应用系统，将使物联网的感知、显示能力发生革命性的变化。

（5）实现全面精确作战。物联网时代的未来战场将是可视化的数字战场，基于信息系统的体系作战将是以 C^4KISR 系统为中心的全面对抗，空间信息系统是实现全面感知、精确作战、精细保障的关键力量。物联网的战场上，以卫星及其星载传感器为主构成的空间信息系统将与大量部署在地面、飞机、舰艇上的各种传感器相连，构成完整、精确的战场网络，形成全方位、全频谱、全时域的多维侦察监视预警和指挥控制体系。各种各样的卫星所提供的战场信息支援几乎涵盖了整个军事作战行动域，包括通信、全球广播业务、战场监视、图像侦察、信号情报（包括通信情报和电子情报）侦察、天基雷达和红外探测、告警与跟踪、全球导航、气象监测与预报、战斗管理等。

3）在物联网应用中面临的挑战

尽管空间信息系统的应用对物联网的深入发展具有深远影响，但由于物联网及其关键技术本身还存在许多制约，空间信息系统的应用也因此面临诸多的挑战。

（1）网络与信息安全问题。由于物联网是通过互联网络实现 M2M 智能相连的，因此，物联网的网络安全问题同样是空间信息系统应用于物联网所必须面对的问题。空间信息系统尽管通过专用的空间信息网络接入物联网，但必然存在信号泄漏与干扰、伪装节点入侵、网络攻击及传送安全等诸多问题。鉴于物联网节点布置的随机性、自组性、能量的限制和通信的不可靠性，网络入侵者可以通过虚拟节点、插入虚假路由信息等实现非法侵入、窃取高保密信息甚至恶意修改原始数据等。

（2）软、硬件技术问题。空间信息系统应用于物联网络本身就是一个异构网络兼容的问题，因此，与其相关的网络架构和网络兼容的相关技术是首先面临的技术难题。除此之外，还包括空间信息服务与应用中的网络通信技术、网络管理技术、自治计算与海量信息融合技术、中间件及服务平台技术、空间信息应用终端（如导航终端、通信终端等），信息安全中的认证与访问控制技术、数据加密与解密技术、入侵检测与容错技术、物理及系统安全技术、安全应用与管理体系结构等各种技术问题。

（3）标准化问题。各个行业和领域的物联网应用是一个多设备、多网络、多应用、互联互融的超大网络，空间信息系统与其他领域的信息网络节点同样面临着这个万物相联的巨网，实现信息的互联互通和全网共享，所有的接口、协议、标识、信息交互及运行机制等，都必须有统一的标准作指引。如何对海量的外部检索数据进行处理、存储、分类，如何以更加快速、便捷的方式提供空间信息数据检索，如何实现空间信息网络与物联网的异构互融，都需要有本领域的标准乃至体系。

（4）机制与法规问题。除标准化之外，法规与机制问题也是确保空间信息系统更好、更有效地应用于物联网的基本保证。从立法角度，将空间信息的安全使用纳入法规的框架，对数据所有权、系统和信息安全、产权保护等问题进行明晰、统一的法律诠释并建立完善的法规体系和管理机制，对于明确行业与商家的权利与义务、确保行业秩序等，都是极其重要的手段。

2. 云计算技术

云计算是一种基于互联网模式的计算,是分布式计算和网格计算的进一步延伸和发展,是随着互联网资源配置的变迁逐渐形成的。基于虚拟化的云计算,软件和交互服务脱离了硬件,也无需关心硬件维护。支撑信息服务社会化、集约化和专业化的云计算中心,通过软件的重用和柔性重组,进行服务流程的优化与重构,提高利用率。云计算促进了软件之间的资源聚合、信息共享和协同工作,形成了面向服务的计算。

云计算的特征包括:①虚拟化,把包括计算、网络和存储等资源尽可能地虚拟化,使用户忽略复杂的环境,比较简单地利用这些资源来实现他们不同的任务;②变粒度和跨粒度,云计算实现软件和任务碎片化,完成变粒度的计算和服务任务,并根据不同用户的请求把分布在网络中的各种 Web 服务进行重聚合。

云计算关键技术使得用户关心操作系统、数据库及平台软件环境、底层硬件环境、计算中心的地理位置、软件提供方和服务渠道。以空间信息处理领域为例,云计算平台将极大地释放计算资源的潜力,充分共享各种复杂分析和处理算法以及相关经验,极大地提高解决复杂空间信息分析和处理的能力。

1）位置云

随着全球四大卫星导航系统进入民用领域,已经或计划向用户提供卫星定位服务,但由于存在各种误差,定位精度还无法达到很多行业用户的要求。通过位置云,用户将卫星定位信息传送到位置云服务中心,位置云服务在 1 秒内即可将定位精度解算到亚米级并反馈。

2）遥感云

在云计算平台的支撑下,各类复杂的遥感解译方法将极大地释放计算资源的潜力,充分共享各种复杂分析和处理算法以及相关经验,极大地提高解决复杂空间信息分析和处理的能力,以自然语言解译遥感图像,使得更广泛的各行业用户能够充分利用遥感资源获取需要的数据。

3）GIS 云

GIS 云是指 GIS 的平台、软件和地理空间信息能够方便、高效地部署到云基础设施之上,能够以弹性的、按需获取的方式提供最广泛的基于 Web 的服务。例如,超图的云计算架构下的 GIS 平台服务解决方案,可提供可视化的建模服务、面向多专题多粒度的功能集成服务和异构数据与功能管理服务,为开发人员提供异构构建特定 GIS 应用的集成开发环境和运行环境。

3. 空间数据挖掘技术

随着 3S 技术及现代信息技术的飞速发展,各种技术和手段被广泛应用于空间信息的获取、处理和发布,导致空间信息数据的爆炸性增长。然而,人们处理这些海量信息并从中挖掘有用知识的技术和手段却相对较弱,空间信息的爆炸性增长和空间知识贫乏的矛盾日益突出。

1994 年,我国学者李德仁院士在加拿大渥太华举行的 GIS 国际学术会议上提出了从 GIS 数据库中发现知识的概念,并系统分析了空间知识发现的特点和方法。目前,空间数据挖掘已成为国际研究的一个热点,渗透到数据挖掘和知识发现、地球空间信息学和一些综合性的学术活动中,成为众多著名国际学术会议的重要研究专题。

空间数据挖掘是在数据挖掘的基础之上,结合地理信息系统、遥感图像处理、全球定位系统、模式识别、可视化等相关的研究领域而形成的一个分支学科,也称为空间数据挖掘和知识发现(Spatial Data Mining and Knowledge Discovery,SDMKD)。

空间数据挖掘的任务是要从空间数据库和数据仓库中发现知识,并利用这些知识提供相关的决策支持。具体的说,是要综合利用统计学、模式识别、人工智能、粗集、模糊数学、机器学习、专家系统、可视化等领域的相关技术和方法,以及其他可能的信息技术手段,从大量的空间数据、管理数据、经营数据或遥感数据中析取出可信的、新颖的、感兴趣的、隐藏的、潜在有用的和最终可理解的知识,从而揭示出蕴含在空间数据背后客观世界的本质规律、内在联系和发展趋势,实现知识的自动或半自动获取,为管理和经营决策提供依据。

空间数据挖掘的方法多种多样,融合了统计学、模式识别、人工智能、粗集、模糊数学、机器学习、专家系统、可视化等众多领域的研究成果。目前,常用的空间数据挖掘方法包括基于概率论的方法、空间分析方法、统计分析方法、归纳学习方法、空间关联规则挖掘方法、聚类分析方法、神经网络方法、决策树方法、粗集理论、基于模糊集合论的方法、空间特征和趋势探测方法、基于云理论的方法、基于证据理论的方法、遗传算法、数据可视化方法、计算几何方法、空间在线数据挖掘等。

空间数据挖掘具有广泛的应用领域,在遥感影像处理、公共卫生领域、交通事故分析、电力负荷的空间分布预测、土地覆盖情况分析、气候变化的空间分布规律分析、农作物产量预测以及军事领域等方面均有过成功应用。未来,空间数据挖掘的应用领域将会涵盖所有涉及空间实体发现与分析、空间决策、空间数据理解、空间数据库重组、空间知识库,以及需要发现空间联系和空间数据与非空间数据之间关系的各个领域。

2.2 空间信息产业发展概况及趋势

空间信息产业是全球定位系统、遥感、地理信息系统及其综合应用的高新技术产业,是平台制造、空间信息技术研发、产品制造及应用服务等所有科研机构、院校和企事业单位的集合体。

空间信息产业中，全球定位系统领域涉及芯片、卫星接收模块和终端的研发制造，地面运控系统和设备的研制，位置信息采集、融合、发布的基础设施建设，安全、专业、大众等诸多应用服务；遥感领域涉及遥感平台设计与制造，遥感器发射、运行与测控，数据地面接收设备与系统研发制造，遥感数据信息采集处理及应用服务等；地理信息领域涉及地理信息数据的采集处理、软件硬件的研发生产、系统集成及应用服务等。

2.2.1 国外空间信息产业发展概况及趋势

近年来，国外空间信息产业保持了强劲的发展势头，各国政府高度重视，技术发展迅速，产值规模大，市场集中度高。各领域的情况如下：

1. 全球定位系统领域

全球定位系统最初由美国提出并建设运营，GPS 至今已运营 40 余年，目前仍然是世界上技术最先进、商业化程度最高、应用最普及的系统。美国的第三代卫星定位系统精度将达到 1 米以内，实时定位精度提高 10 倍，抗干扰能力提高 500 倍，可实现室内定位服务。俄罗斯计划投资 116 亿美元开发第三代全球导航系统“GLONASS - K”，2020 年覆盖全球的定位精度将达到 0. 6 米。欧盟“Galileo（伽利略）”系统预计 2018 年全面建成，提供覆盖全球的误差不超过 1 米的导航定位服务。

卫星导航已经为人类社会带来巨大的经济和社会效益，全球每年由此所获得的直接和间接经济产出巨大。近年来，全球导航与位置服务（LBS）市场保持了稳定增长，美国 GPS 应用技术依然占据着全球卫星导航与位置服务的绝大多数市场份额。

以 GPS 为代表的卫星导航应用市场已成为继蜂窝移动通信和互联网之后的全球第三大 IT 经济新增长点。2003 年以来，全球卫星导航定位市场规模逐渐增大，2009 年全球应用市场规模达 660 亿美元，保持 15% 的增长率。LBS 市场正在迅速增长，2014 年达到 129 亿美元。2015 年到 2020 年间，全球导航系统市场年增长率将达到 9. 98%。据 2016 年 6 月 15 日召开的第五届“全球地理信息开发者大会”上的《2016 年空间信息产业趋势报告》显示，全球卫星导航市场正在逐步增长，其中 LBS 占超过 50%，与交通相关的占 38%，移动手机和移动互联网、车联网都是最大的 LBS 产业。目前，国际卫星导航产业呈现以下特点：一是车载导航呈快速增长态势。二是全球便携式导航设备（PND）市场增长呈下降趋势，主要原因是 GPS 导航手机的普及占领了一部分市场份额。三是全球 GPS 手机市场渗透率不断提高。市场研究公司 Berg Insight 发布的最新研究报告称，全球 GPS 导航手机 2010 年销量为 2. 95 亿部，与 2009 年相比增长 97%。

2015 年,GPS 导航手机销量达到 9.4 亿部,2010—2015 年的复合年增长率达到 28.8%。

在导航电子地图市场,美国的 NAVTEQ 公司和欧洲的 Tele Atlas 公司几乎垄断了北美和欧洲市场,二者于 2007 年分别被 Nokia 公司和 TOMTOM 公司收购;MapMster、IPC 和 Zenrin 公司瓜分了日本的全部市场份额。在卫星导航设备方面,美国的 GARMIN 公司和欧洲的 TOMTOM 公司占有主要市场,GARMIN 所占市场份额达到 33%。

2. 地理信息系统领域

在先进的计算机技术和网络技术支撑下,美国和欧洲的网格 GIS 技术处于领先地位,地理信息处理与管理由自动化向智能化发展。GIS 软件领域,目前以大型基础软件 ArcGIS 为主要品牌,MapInfo 软件在中小系统领域得到广泛的应用。国际上著名的数据库商,如 Oracle、DB2,均在数据库产品中增加了空间数据库产品;微软推出了适用于社会经济统计数据分析的 MapPoint 产品等。随着空间数据库技术的发展,海量空间数据管理方式发生了重大变化,实现属性-空间数据一体化存储,面向空间实体的数据库无缝海量大表数据组织新模式,维护了海量空间实体的物理、逻辑一致性和完整性。以 Google 地球、Google 地图为代表的一系列全新的、基于地图的应用陆续面世,提供高度智能化的定位决策支持。三维空间数据管理已成为研究热点,美国率先推出了 Google Earth、Skyline、Virtual Earth、World Wind、ArcGIS Explorer 等软件。在地理信息产业方面,位置服务已成为互联网的强制性要素,Web 服务成为地理信息相关工程的标准要求。基于网格计算、云理论的 GIS 解决方案逐渐成熟。云计算(Cloud Computing)是分布式计算(Distributed Computing)、并行计算(Parallel Computing)和网格计算(Grid Computing)深入发展的结果,核心是基于庞大的硬件平台提供互联网应用与服务,提供应用服务中心和存储数据库。空间数据挖掘和知识发现技术的发展将极大地提高地理信息产品的智能化程度,增加产品的知识容量,促进地理信息数据的深层次应用。在地图制图领域,一体化数字制图系统仍处于初步发展阶段,没有从理论上方法上有效解决地图信息可视化符号化表达的难题。

随着天地一体化对地观测网络的初现,航天/航空/地面传感器都能实时获取准确的地理信息,智能型传感器与网络地理信息系统的集成,使用户能够实时上传和下载地理信息,实现一次采集,全面应用。在地理信息服务方面,未来十至二十年的发展方向是将全球对地观测数据的实时获取、处理、服务进行无缝连接,形成对地观测传感器与用户直接交互的,实时提供对地观测数据、空间信息、知识信息服务的地球空间服务网络。在国际标准方面,ISO/TC 211 近期的工作重心逐渐从地理信息数据标准化转向地理信息 Web 服务(Web service)

标准化,如数据类型定义、地图服务接口和地理信息资源网络发布的注册与管理,致力于研究基于服务体系架构的在线地理信息服务技术与标准规范。

在科技政策、规划和软科学领域,"下一代数字地球"概念已在美国提出并交流讨论。美国地质调查局、大地测量局等部门提前部署,为近十年的发展制定了相应的"十年规划"。

随着应用领域的不断拓展,全球 GIS 软件产业已形成一定规模,并还将快速增长。据美国马萨诸塞州市场分析公司 Daratech 的调查,GIS 软件市场规模以 17% 的年增长率成长,2015 年 GIS 软件与服务业的市场规模为 114 亿美元,其中 GIS 软件产品(不含技术开发服务)市场规模为 52 亿美元。

3. 遥感领域

美国在遥感对地观测领域处于领先地位,但许多第三世界国家也非常重视遥感的发展,纷纷将其列入国家发展规划中。

从遥感技术运行情况来看,欧盟、俄罗斯、美国和印度、巴西等已经从建立数据管理体系、实现数据资源共享、制定数据标准规范、创建遥感行业协会、建立遥感服务平台等方面入手,初步构架起了一套适合遥感产业市场需求的空间数据运行体制。

遥感市场方面,国际卫星遥感数据应用市场近年来发展迅猛。遥感信息增值服务的行业分布相对集中,其中测绘占 41%,农业/林业占 22%,环境占 12%,国土占 10%,其他行业占 15%。2014 年全球商业遥感数据和增值产品产值达到 23 亿美元,由此带来的全球地理信息产业产值近 60 亿美元。预计到 2024 年,商业遥感市场规模将达 51 亿美元。截至 2015 年底,国外在轨高分辨率商业遥感卫星 23 颗,分辨率均优于 1 米。从商业遥感数据销售市场来看,欧美市场为主要市场,但亚洲、拉丁美洲、非洲和中东等地区的市场需求增长较为迅速。数字全球公司(DG)和空客防务与航天公司(ADS)占据全球销售份额的 79%。据美国航天基金会估算,2013 年到 2022 年间,遥感卫星制造业收入总计约为 358 亿美元,数据和增值产品收入将达 377 亿美元,十年间卫星遥感产业下游产值将超过上游。

纵观国际遥感市场,各国政府大力支持遥感产业化发展,并通过政府补贴、放宽行业监管政策促进空间遥感的产业化,通过政府采购,拉动遥感产业市场需求。遥感市场的规模不断扩大,市场需求不断增强,细分市场逐渐形成。

未来,遥感信息增值服务将成为国际卫星遥感应用领域一个更大的经济增长点,据 SIA 预测,其产业规模将达到卫星遥感地面设备制造领域的 6 倍以上。国际遥感应用的发展将呈现出与其他系统集成并提供综合服务的趋势。

2.2.2 我国空间信息产业发展概况及趋势

2016 年 11 月 1 日,国家测绘地理信息局副局长宋超智在中国地理信息产业大会上发布的《2016 中国地理信息产业报告》显示，2016 年中国空间地理信息产业总产值达到 4360 亿元，同比增长 20.1%。"十二五"期间，我国地理信息产业产值年均增速超过 20%。这充分说明我国空间信息产业初具规模，而且保持着快速增长的速度。目前市场仍然是以政府为主要市场，企业级应用也已启动，但是大众信息服务市场仍处于探索阶段。下面分别就各领域进行阐述：

1. 全球定位系统领域

随着北斗卫星导航技术和服务的迭新，我国单纯依赖于 GPS 实现导航应用的时代渐远。以北斗为圆心辐射的产品以及各种应用囊括了核心基础产品的性能再优化，包含了有关探索性的服务扎根各个行业的全新尝试，更覆盖了高精度北斗服务转向大众化的颠覆性升级。

2016 年 5 月 18 日召开的第七届中国卫星导航学术年会报告显示，2015 年，我国国内卫星导航总产值已达 1900 亿元，其中北斗系统贡献率约 30%。国产北斗芯片、模块、天线等关键技术取得了很多突破。截至 2016 年上半年，北斗导航系统新增到第 23 颗导航卫星，北斗导航型基带、射频芯片/模块销量突破 2400 万片，测量型高精度板卡销量近 12 万套，导航天线 400 万套，高精度天线销量超过 50 万只，应用于移动通信芯片的国产自主卫星导航 IP 核数量近 1800 万。卫星导航与位置服务领域企事业单位数量已超过 13000 家，从业人员近 40 万。

在行业应用方面，北斗已在关系国计民生、国家安全的重点领域开展北斗行业/区域示范应用，包括海上运输、气象、渔业、公共安全、民政减灾救灾、林业等 11 个行业示范，取得了显著的经济和社会效益。

在高精度服务方面，目前我国已建成覆盖全国的北斗地基增强框架基准站网，初步完成基本系统研制建设，正在进行广域实时米级和分米级以及北京地区厘米级、后处理毫米级定位精度试验。后续该系统正式投入使用后，将为中国境内用户提供米级、分米级实时定位服务，部分地区最高可达厘米级，基于北斗高精度服务的车道级车辆导航等特色服务将成为现实。

在大众应用方面，随着穿戴设备、智能制造以及其他各种智能硬件的兴起，通过与新兴技术融合，"北斗 +"概念逐步清晰、物化，让应用从传统走向更智能。

近几年来，我国的卫星导航企业群体正在迅速膨胀，一大批新的公司如雨后春笋般成长起来，一些日久弥坚的公司已经逐步从小型企业步上中型企业的发展轨道，而且形成一批优秀企业骨干群体，其中有一批业已上市，还有一大批也积极准备上市，期望快速做大做强。根据调查研究和统计估算，我国涉足卫星导航与位置服务产业的厂商与机构的数量超过 6800 家，专业从事这一产业的单位有 1500 家左右，从业人员数量不少于 15 ~ 20 万人，总投资规模 500 亿元左右。其中投资规模超过5000万元的企业约有150多家，1000~5000万元的企业超过200家，百万元级的企业有800~1000家，数十万元级的有4000余家。人员数量为1000人以上的单位有70~80家，数百人的有数百家，其余大多数是几十人的小微型企业。

根据《国家卫星导航产业中长期发展规划》，到2020年，我国卫星导航产业规模超过4000亿元，北斗贡献率达到60%，北斗产业规模将从100亿元市场迅速扩张到2000亿元以上的市场。在国防市场批量应用，民用市场北斗替代GPS进程加快的情况下，北斗导航产业将成为未来国内少有的高速发展行业之一。

2. 地理信息系统领域

随着我国经济社会的发展，除了金土、金盾、数字城市、基础测绘等国家大项目外，国家基础建设和各行业的信息化建设为地理信息应用工程服务提出了巨大需求，产业项目几何倍增长，地理信息市场日益繁荣。

同时，随着地理信息技术的不断发展与集成，我国一些重大地理信息技术取得了明显进展。国产GIS平台软件技术水平已与国外同类软件水平相当，在某些算法性能和支持机制方面，甚至较国外同类软件更有优势，地理信息技术集成应用已成为主流。此外，地理信息技术正在与云计算、物联网、“互联网+”等新兴技术集成，不断拓展了地理信息市场。经过多年的发展，中国GIS产业逐步走向成熟，企业数量持续增长，应用领域范围拓展迅速。根据赛迪顾问的研究：虽然受到2008年金融危机的影响，中国GIS软件市场2008年实现销售额52.46亿元，同比增长20.8%，高于软件整体市场16%的增长率，成为软件市场中一个值得期待的细分领域。2011年年底，我国地理信息产业产值达到1500亿元，2013年地理信息产业的产值为2600亿元，预计到2020年，国内地理信息产业的规模达到8000亿元，物联网、智慧城市产业的整体产值将超过6万亿元。

3. 遥感领域

我国遥感对地观测领域的发展经历了20世纪70年代的起步、80年代的发展和90年代的逐步实用阶段，航空、航天遥感数据的综合应用水平取得了巨大进步，遥感数据服务将进入商业化运营阶段。

截至2016年2月，我国首颗地球静止轨道光学卫星“高分”四号获取首批影像，幅宽优于400千米，填补了我国乃至世界高轨高分辨率遥感卫星的空白。“资源”三号高分辨率遥感影像覆盖了全国陆地国土，全球影像有效覆盖7200万平方千米，为“一带一路”、为中国走出去的战略提供了重要的测绘地理信息保障。

在国内市场方面，优于2.5米分辨率的卫星原始数据直接消费额约5亿元/年（国外数据约占75%，国内数据约占25%），年平均增长率为8%。数据引发的后续处理加工应用服务等产业的规模达到年均数十亿元,保持了较快的增长速度。亚米级高分影像数据市场被国外遥感卫星数据垄断。传统行业应用不断深化,新兴应用不断发展,金融、物流、保险、基于位置服务等成为商业遥感产业新的经济增长点。保守估计,2025 年“一带一路”国家商业遥感市场规模近 60 亿元人民币,若考虑地理信息系统建设、解决方案等业务,将突破百亿元人民币。

目前,我国已初步建成全国卫星遥感信息接收、处理、分发体系和卫星对地观测应用体系,国产遥感卫星数据应用取得了突破性进展。我国遥感市场应用的主要用户以国家遥感中心、国家卫星气象中心、中国资源卫星应用中心、卫星海洋应用中心和中国遥感卫星地面接收站等国家及遥感应用机构,以及国务院各部委及省市地方建立的 160 多个省市级遥感应用机构为主。遥感应用主要分布于气象预报、测绘、国土普查、作物估产、森林调查、地质找矿、海洋预报、环境保护、灾害监测、城市规划等领域。中国已和一些发展中国家签署协议,向一些地区提供遥感数据,打破了遥感对地观测数据的出口纪录,说明我国遥感数据产品正处于由试验应用型向业务服务型转变的重要时期。代理国外卫星遥感数据的企业目前的市场活动活跃,正从单一的数据代理向数据服务转变,近年来为我国抗击地震等自然灾害及时提供影像图,作用凸显。

2.2.3 我国空间信息产业发展的机遇与挑战

我国空间信息产业经过几十年的发展,已逐步成为技术创新度高、产值增速快、产业带动性强、产业应用面广、产业链较为完善的战略性新兴产业。尤其随着信息时代的到来,信息技术在各行业、各领域的广泛渗透,空间信息产业迎来了前所未有的巨大机遇。同时,空间信息产业与传统产业相比发展的时间尚短,仍面临着缺乏顶层设计、市场化商业化水平较低、自主创新能力不足、项目失败率高等许多不可小觑的挑战。

1. 主要机遇

1) 发展空间信息产业是国家意志的体现

国务院发布的《国家中长期科学和技术发展规划的纲要》中明确,到 2020 年,我国科学技术发展的总体目标是:自主创新能力显著增强,科技促进经济社会发展和保障国家安全的能力显著增强,为全面建设小康社会提供强有力的支撑;基础科学和前沿技术研究综合实力显著增强,取得一批在世界具有重大影响的科学技术成果,进入创新型国家行列,为在本世纪中叶成为世界科技强国奠定基础。

“发展高科技,实现产业化”已成为国家意志的表现,也成为世界各国争夺的制高点。空间信息技术与纳米技术、生物技术一起并列为当今世界三大高新技术,空间信息产业是典型的技术含量高、创新性强的高科技产业,作为国家战略性新兴产业的重要组成部分,是国家实现科技发展总体目标的具体环节,是国家优先发展的重点产业。

2016 年 8 月,国家发改委、国家测绘地理信息局联合印发《测绘地理信息事业的"十三五"规划》,并对地理信息产业竞争能力提出了具体要求:大力发展测绘遥感数据服务,建成较为完整获取、处理、服务产业链;推动地理信息系统通用软件开发应用,推进高性能地理信息软件的产品化和产业化;引导高端测绘装备制造业资源整合,发展一批高端装备生产制造企业;奖励和推进地理信息与导航定位融合服务类企业兼并重组,促进产业链各环节均衡发展;加快推进地理信息与北斗卫星导航定位的融合,支持发展综合导航定位动态服务;繁荣地图出版业,发展地图文化创意产业,形成地图文化产业集群。

2）实施国家重大科技专项,推动产业快速发展

国家中长期规划实施的十六个重大专项中,有多个项目与空间信息技术息息相关,包括"北斗""高分""核高基""新一代宽带移动通信网"等。其中,"北斗""高分"重大专项直接推动空间信息产业发展,国家投资过千亿,带动投资超过 5000 亿,为空间信息产业发展提供了强大的技术支撑和基础设施保障。

空间信息技术在当前实施的一系列国家重大战略工程中发挥着巨大作用,并且与许多行业和地区发展规划密切配合,成为经济结构转型、转变经济增长方式和发展新一代信息技术的关键要素与共用基础,形成了集政府资源整合、社会资金汇聚、产业核心推动力于一体的管理体系,引导产业走向高速度、可持续的良性循环之路。

3）其他新技术的快速发展,深化空间信息技术的应用

随着新一代移动技术、下一代互联网技术、云计算、物联网等新兴技术的快速发展,以及"智慧城市""无线城市"建设的热潮来临,空间信息技术不仅为这些新技术的构建提供了必要的技术、数据支撑,也为这些新技术的应用提供了多项服务和保障,同时反哺了空间信息技术的发展。

4）国民经济的持续稳定增长,激发空间信息技术进入大众化消费时代

中国是目前全球最具活力的第二大经济体,GDP 持续多年高速增长,居民收入显著提高,大众消费能力逐步提升,是全球最具潜力的大市场。

空间信息技术也随着互联网、手机、车辆等媒介进入了大众消费市场,在车辆导航、位置服务、物流快递、出行旅游、智能楼宇、电子商务、应急救援、智慧社区等多个方面发挥着不可或缺的作用,也加速了产业产值的提升。

5）满足国防现代化、军事信息化的需求,提高空间信息技术水平

综合国力的增强为国防和军队建设提供稳定的物质基础。精兵简政,坚持国防现代化、军事信息化是我国长期的国防建设原则。空间信息技术在提高部

队后勤保障能力、战时指挥能力、单兵作战能力、武器装备水平、军事指挥能力等方面将发挥巨大的作用,也将产生更多的国防现代化、军事信息化的需求,有利于空间信息技术水平的快速提高。

2. 主要挑战

1）缺乏战略研究与顶层设计

空间信息产业是战略性新兴产业的重要组成部分,需要与国家级/地方级的战略规划、计划进行对接,与多个国家重大专项、产业化项目及技术攻关项目关系密切,需要共享甚至调动的高端资源多,产业涉及技术领域广泛、生命期长、发展前景广阔,具有融合性、辐射性和带动性强的特征。

因此,空间信息产业需要深入地研究产业战略和整体的产业规划,以提高产业发展的核心"软实力",掌握发展的主动权。但由于一直缺乏战略研究和顶层设计,导致在产业发展的具体推进工作和支撑项目策划方面落后于国外,没能及时整合产业发展的各项优势资源,没能形成强而有力的先发优势。

2）核心技术、基础产品和高端产品严重依赖进口,自主创新能力不足

目前,尚未形成完全依赖我国自主知识产权的、通用高效且持续稳定的空间信息核心技术和应用体系,核心专利技术较少,基础产品和高端产品严重依赖进口,技术进步需要依靠引进国外先进制造技术和管理经验,且引进的技术不能很好地同自主创新和提高产业整体实力结合起来,行业可持续创新能力薄弱,自主创新能力不足。国外品牌在高端装备、核心芯片、平台软件等领域依然占据领先地位。

3）缺乏有效的产业整合机制,产业化、商业化水平有待提高

通常高技术产业化是高技术创新成果的商品化、市场化的过程,是一个形成一定规模商品生产的转化过程。经由这一过程,高技术成果才有可能在国民经济的各领域得到日益广泛的应用,并形成一定经济规模的产品。由于空间信息产业的条块分割,军民融合发展的制约,产业内各单位之间信息交流不畅、缺乏交流平台,没能形成人力、技术、设备和创新成果等的有效整合共享,资源浪费严重,造成核心技术价值未能充分发挥,不良竞争时有发生,产业化、商业化水平有待提高。

4）空间信息应用的有效需求有待进一步引导和挖掘

空间信息产业的发展前景广阔,从产业结构看,发展潜力最大、最能产生产值的还是应用服务。随着市场需求的持续增长,对于政府部门和公众服务的应用将更加深入,向社会各行业的渗透速度将加快,行业及大众应用存在巨大的拓展空间。然而,广阔的空间信息产业市场尚未完全打开,国内对空间信息应用的有效需求有待进一步引导和挖掘,国际市场的开拓竞争任重道远。

5）重技术、轻管理,空间信息系统项目失败率高

由于空间信息的独特性和技术的复杂性，空间信息系统自出现以来，解决技术问题往往是最困难的、需要优先考虑的。随着空间信息技术应用的广泛深入，技术问题已经不是导致项目失败的主要因素，人员、财务、进度、沟通等组织管理问题在项目实施过程中突出显现。必须及时纠正“重技术、轻管理”的错误理念，才能有效避免空间信息系统项目的失败。

第 3 章　空间信息系统项目管理

3.1　项目管理基础

项目管理具有悠久的历史。古代埃及的金字塔、中国的万里长城,都是人类祖先开始项目的实践标志。然而,人类最早对项目的管理还是仅凭个人的经验、智慧,没有科学的标准。

事实上,很多项目管理技术的发展主要源于军事、建筑等少数行业,由于其理论和应用方法从根本上改善了管理人员的运作效率,使其迅速发展到航天、电子、通信、计算机、金融等行业,以及一般政府机关和社会团体。项目管理已发展成独立的知识体系,成为现代管理学的一个重要分支。

3.1.1　项目与项目管理

1. 项目的定义

项目(Project)是为达到特定的目的,使用一定资源,在确定的时间内为特定发起人而提供独特的产品、服务或成果而进行的一次性努力。这里的资源指完成项目所需要的人、财、物等;时间指项目有明确的开始日期和结束日期。

2. 项目与日常运营

每个组织都通过从事工作来实现目标。一般地,工作指日常运营(Operations)或者项目。两者相互重叠,具有许多共同特征。例如:工作和项目都由人来做;两者都受制于有限的资源;都需要规划、执行和控制等。

日常运营与项目两者之间的主要区别在于:日常运营是持续不断和重复进行的,而项目是临时性的、独特的。两者的目标也有本质的不同:项目的目标是实现其目标,然后结束项目;而持续进行的日常运营的目标一般是为了维持长久的经营活动,见表 3-1。例如,开发一款新的地理信息系统软件产品是一个项目,而某地理信息公司销售部门的运行则为日常运营。

表 3-1　项目与日常运营的区别

类别 区别项	项目	日常运营
工作性质	独特性、一次性努力	常规重复活动、持续不断

（续）

类别 区别项	项目	日常运营
运作目标	项目目标实现	效率、有效性
运作环境	开放、不确定	封闭、确定
组织体系	相对变化、暂时，按项目团队划分	相对不变、持久，按部门划分
管理模式	项目过程、活动	部门职能、直线型

3. 项目的特点

与公司的日常的、例行公事般的运营工作不同，项目具有非常明显的特点：临时性、独特性和渐进明细。下面分别讨论这些特点的含义和对实际工作的指导意义。

1）临时性

临时性是指每一个项目都有一个明确的开始时间和结束时间，临时性也指项目是一次性的。当项目目标已经实现，或由于项目成果性目标明显无法实现，或者项目需求已经不复存在而终止项目时，就意味着项目的结束。临时性并不一定意味着项目历时短，项目历时依项目的需要而定，可长可短。不管什么情况，项目的历时总是有限的，项目要执行多个过程以完成独特产品、提供独特的服务或成果。

2）独特性

项目要提供某一独特产品，提供独特的服务或成果，因此“没有完全一样的项目”，项目可能有各种不同的客户、不同的用户、不同的需求、不同的产品、不同的时间、不同的成本和质量等。项目的独特性在空间信息领域表现得非常突出，乙方不仅向客户提供产品，更重要的是根据其要求提供不同的解决方案。由于每个项目都有其特殊的方面，因此有必要在项目开始前通过合同（或等同文件）明确地描述或定义最终的产品是什么，以避免相关方因不同的理解导致的冲突，这些冲突严重时可能导致项目的失败。

3）渐进明细

渐进明细指项目的成果性目标是逐步完成的。因为项目的产品、成果或服务事先不可见，在项目前期只能粗略地进行项目定义，随着项目的进行才能逐渐明朗、完善和精确。这意味着在项目逐渐明细的过程中一定会有修改，产生相应的变更。因此，在项目执行过程中要对变更进行控制，以保证项目在各相关方同意时顺利开展。

4. 项目管理

项目管理（Project Management）是在项目活动中综合运用知识、技能、工具和技术，在一定的时间、成本、质量等要求下来实现项目的成果性目标。与传统的部门管理相比，项目管理的最大特点就是注重于综合性管理，且有严格的时间期限。项目管理有以下特征：

（1）项目管理是针对项目的特点而形成的一种管理方式，其适应对象是项目；

（2）项目管理将项目看成一个具有完整生命周期的过程，其全过程都贯穿着系统工程的思想；

（3）项目管理的组织具有特殊性，其组织都是临时性的、开放的，多为矩阵结构而非直线职能结构；

（4）项目管理的方式是目标管理，项目管理人员通常以综合协调者的身份来平衡项目进度、经费和质量等目标，并向各领域的专业人员阐明工作责任、目标以及限制条件，以成功实施项目；

（5）项目管理的体制是一种基于团队管理的个人负责制，需要在规定的具体目标和范围内，对组织机构的资源进行计划、引导和控制；

（6）项目管理的要点是创造和保持一种使项目顺利进行的环境，降低项目风险；

（7）项目管理的方法、工具和手段具有先进性、开放性，采用科学先进的管理理论和方法，尽可能高效率地完成项目任务。

3.1.2 项目管理知识体系

当前，项目管理的发展迅速，业已形成了各种流派和方法体系。其中，最有名的有美国项目管理学会（Project Management Institute，PMI）的 PMBOK（Project Management Body of Knowledge，项目管理知识体系）、国际项目管理协会（International Project Management Association，IPMA）的 ICB（IPMA Competency Baseline，IPMA 能力基准）和英国政府商务部（Office of Government Commerce，OGC）的 PRINCE（PRojects IN Control Environments，可控环境下的项目）。以下对几个项目管理知识体系做一简单介绍。

1. PMBOK

PMBOK 由美国项目管理学会于 20 世纪 70 年代末提出，并于 1991 年、1996 年、2000 年、2004 年分别进行了 4 次修订，在这个知识体系指南中，把项目管理划分为 5 个过程组和 9 个知识领域，如表 3－2 所示。目前，这种划分方法已得到了业界的广泛认可，项目管理的国际标准 ISO10006 也是依据 PMBOK 而制定的。

表 3-2 PMBOK 项目管理知识体系

项目生命周期	过程组	知识领域
(1)项目生命周期	(1)启动过程组	(1)整体管理
(2)项目生命周期各阶段	(2)计划过程组	(2)范围管理
(3)阶段内和阶段之间的过程	(3)执行过程组	(3)时间管理
	(4)监控过程组	(4)成本管理
	(5)收尾过程组	(5)质量管理
		(6)人力资源管理
		(7)沟通管理
		(8)风险管理
		(9)采购管理

本书后续章节对项目管理内容的阐述,也是围绕 PMBOK 的这九大领域展开的。

2. ICB

ICB 2006 版强调项目经理的个人能力,并将个人能力划分为 46 个要素,包括 20 个技术能力要素、15 个行为能力要素和 11 个环境能力要素。在此不再赘述。

3. PRINCE

PRINCE 2009 版关注项目管理的过程,将项目管理划分为 8 个过程,定义了 45 个单独的子过程,并将它们组织到 8 个过程中。

这 8 个过程包括项目准备、项目计划、项目启动、项目指导、阶段控制、产品交付管理、阶段边界管理和项目收尾。

3.1.3 项目生命周期

一个组织在完成一个项目时会将项目划分成一系列的项目阶段,以便更好地管理和控制项目,更好地将组织的日常运作与项目管理结合在一起。项目的各个阶段放在一起就构成了一个项目的生命周期(Life Cycle)。

项目阶段的划分根据项目和行业的不同有所不同,但一般划分为 4 个阶段:项目启动、项目规划、项目实施和项目收尾,如图 3-1 所示。在不同的阶段,其项目任务、目标、资源、风险等级等均有明显的差异,项目管理重点也不同。

启动阶段的工作重点是确定需求、项目论证和项目选择;规划阶段的重点是任务分解、进度安排、成本预算和确定验收标准;实施阶段的重点是进行项目实施、过程控制和质量保证;收尾阶段的重点是进行项目评估和总结。

尽管不同领域的项目,甚至同一领域的不同项目,其生命周期的划分和工

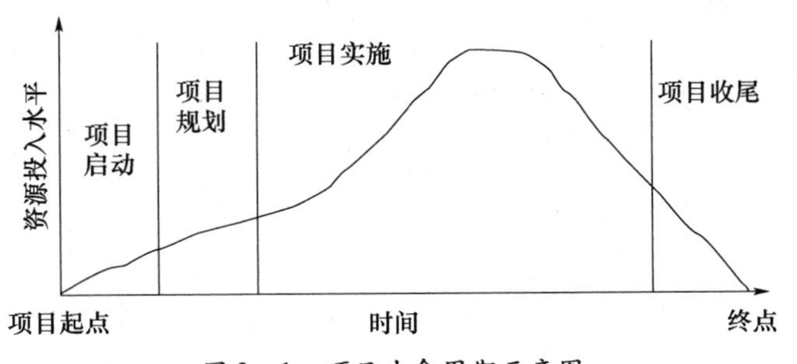

图3-1 项目生命周期示意图

作内容有所不同,但项目生命周期具有一些共同的特点:

(1) 项目阶段按顺序首尾衔接;

(2) 项目开始时人力和费用投入低,随后增高,收尾时迅速降低;

(3) 项目开始时风险最高,随后逐渐降低;

(4) 项目开始时利益相关方影响力最强,逐渐降低,变更的难度和代价会与日俱增。

3.1.4 项目管理的基本内容

依据 PMBOK 2008 版将项目管理划分为 9 项内容,即项目范围、时间、成本、质量、人力资源、沟通、风险、采购和整体管理。

(1) 项目范围管理:对项目整个生命周期所涉及的工作范围进行管理和控制,包括收集需求、定义范围、工作分解、核实范围和控制范围;

(2) 项目时间管理:为确保项目按时完成,对所需各个过程的时间进行管理和控制,包括定义活动、排列活动顺序、估算活动资源、估算活动持续时间、制定进度计划和控制进度;

(3) 项目成本管理:对项目各个过程的费用进行管理和控制,包括估算成本、制定预算和控制成本;

(4) 项目质量管理:对项目过程的任务及成果的质量进行监控,包括规划质量、实施质量保证和实施质量控制;

(5) 项目人力资源管理:对项目干系人及团队的管理,包括制定人力资源计划、组建项目团队、建设项目团队和管理项目团队;

(6) 项目沟通管理:协调项目工作,确保沟通顺畅,包括识别干系人、规划沟通、发布信息、管理干系人期望和报告绩效;

(7) 项目风险管理:对项目各个过程的风险进行管理,确保项目顺利实施,包括规划风险管理、识别风险、实施风险定性/定量分析、规划风险应对和监控风险;

(8) 项目采购管理:采购项目所需的物资,包括规划采购、实施采购、管理采购和结束采购;

(9) 项目整体管理:对项目整体进行管理,包括制定项目章程、制定项目管理计划、指导和管理项目执行、监控项目工作、实施整体变更控制和结束项目或阶段。

3.1.5 项目管理过程

依据 PMBOK 2008 版把项目管理划分为 5 个过程组。一个过程是指为了得到预先指定的结果而要执行的一系列相关的行动和活动,每个过程都有自己的输入、输出以及相应的工具、技术、方法。在每个项目阶段都需要 5 个过程组的工作,5 个过程组相互迭代。

(1) 启动过程组:确定并批准项目或项目阶段;

(2) 计划过程组:定义和细化目标,规划最佳的行动方案,即从各种备选的方案中选取最优方案,以实现项目或阶段所承担的目标范围;

(3) 执行过程组:整合人员和其他资源,在项目的生命周期或某个阶段执行项目管理计划;

(4) 监控过程组:要求定期测量和监控进展,识别与项目管理计划的偏差,以便在必要时采取纠正措施,确保项目或阶段目标达成;

(5) 收尾过程组:正式接受产品、服务或工作成果,有序地结束项目或阶段。

3.1.6 项目组织管理

由两人以上或更多的人为实现一个或一组共同目标协同工作所组成的集合即为组织。以项目为主业的组织,可分为两类:实施项目的组织,如工程公司、施工承包公司等;按逐个项目进行管理的组织,这些组织多已有现成的管理制度和管理系统,可对多个同时进行的项目实施管理。

实施项目的组织结构对能否获得项目所需资源和以何种条件获取资源起着制约作用。组织结构可以比喻成一条连续的频谱,其一端为职能型,另一端为项目型,中间是形形色色的矩阵型。

1. 职能型组织

传统的职能型组织,一个组织被分为一个个的职能部门,每个部门下还可进一步分为更小的班组或部门,这种层级结构中每个职员都有一个明确的上级,员工按照其专业划分到各职能部门,职能型组织内仍然可以有项目存在,但是项目的范围通常会限制在职能部门内部(表 3-3)。

表3-3 职能型组织的优缺点

优点	缺点
强大的技术支持,便于知识、技能、经验交流	职能利益优于项目,决策通常由最强势的职能部门作出
清晰的职业生涯晋升路线,团队忠诚度高	组织横向联系薄弱,部门间协调难度大
直线沟通、简单,责权清晰	没有一个个体直接负责项目,项目经理缺少权力
时间(进度)、成本和性能权衡灵活	缺少动力和创新
反应时间快速	响应客户需求慢

2. 项目型组织

在项目型组织中,一个组织被分为一个个的项目经理部。一般项目团队成员直接隶属于某个项目而不是某个部门。绝大部分的组织资源直接配置到项目工作中,并且项目经理拥有相当大的独立性和权限。项目型组织通常也有部门,但这些部门或是直接向项目经理汇报工作,或是为不同项目提供支持服务(表3-4)。

表3-4 项目型组织的优缺点

优点	缺点
结构单一,责权分明,利于统一指挥	设施、人员等资源重复配置、低效使用,管理成本过高
目标明确单一	项目环境比较封闭,不利于沟通、技术知识等共享
沟通简洁、方便	员工缺乏事业上的连续性和保障等
决策快	专家的管理要求顶层协调
关注组织外部的客户	高层管理必须平衡项目开始时和结束时的工作量

3. 矩阵型组织

在矩阵型组织内,项目团队的成员来自相关部门,同时接受部门经理和项目经理的领导。矩阵型组织兼有职能型和项目型的特征,依据项目经理对资源包括人力资源影响程度,矩阵型组织可分为弱矩阵型组织、平衡矩阵型组织和强矩阵型组织。弱矩阵型组织保持着很多职能型组织的特征,弱矩阵型组织内项目经理对资源的影响力弱于部门经理,项目经理的角色与其说是管理者,更不如说是协调人和发布人。平衡矩阵型组织内项目经理要与职能经理平等地分享权力。同理,强矩阵型组织保持着很多项目型组织的特征,其拥有很大职权的专职项目经理和专职项目行政管理人员(表3-5)。

表3-5 矩阵型组织的优缺点

优点	缺点
项目经理负责制、有明确的项目目标	管理成本增加
改善了项目经理对整体资源的控制	多头领导

（续）

优点	缺点
最大限度地利用公司的稀缺资源	难以监测和控制
改善了跨职能部门间的协调合作	资源分配与项目优先的问题产生冲突
使质量、成本、时间等制约因素得到更好的平衡	权力难以保持平衡
团队成员有归属感，士气高，问题少	
出现的冲突较少，且易处理解决	

4. 复合型组织

根据工作需要，一个组织内在运作项目时，或多或少地同时包含上述三种组织形式，这就构成了复合型组织，例如，即使一个完全职能型的组织也可能会组建一个专门的项目团队来操作重要的项目，这样的项目团队可能具有很多项目型组织中项目的特征。团队中拥有来自不同职能部门的专职人员，可以制定自己的运作过程，并且可以脱离标准的正式报告机制进行运作。

5. 项目管理办公室

一个组织为了更好地协调、分配公共资源，以适应多项目并行开展的情况，从组织级战略角度考虑，通常会设立项目管理办公室（PMO）。PMO 是在所辖范围内集中、协调地管理项目的组织单元。PMO 也被称为“项目办公室”“大型项目管理办公室”或“大型项目办公室”。PMO 通常由组织的高层主管、项目经理、各领域专家和项目协调人员组成。根据需要，可以设立项目级、部门级或企业级的 PMO，这三级 PMO 可以在一个组织内同时存在。

PMO 的职能包括日常性职能和战略性职能。日常性职能主要包括建立组织内项目管理的支撑环境，培养项目管理人员，提供项目管理的指导和咨询，以及组织内的多项目管理和监控。而其战略性职能主要包括开展项目的组合管理，提高组织级项目的管理能力。

PMO 与项目经理的区别在于：PMO 的工作目标包含组织级观点，项目经理关注于特定的项目目标；PMO 对所有项目的共享资源进行优化使用，项目经理控制项目资源以实现项目目标；PMO 从企业层面管理整体的风险、机会等，项目经理管理单个项目的制约因素。

3.2 空间信息系统项目管理

3.2.1 空间信息系统项目的特点

尽管项目管理已经是一个较为成熟的领域，但空间信息系统项目的管理超出了一般项目管理的内容，且具有明显的特点：

(1) 项目管理的理论和方法在空间信息系统项目中引入晚、应用少,从业人员普遍存在"重技术、轻管理"的思想,尚未形成具有针对性的、较为完善的管理理念和知识体系;

(2) 项目需求获取困难,用户的专业技术知识缺乏,通常不能明确而详细地描述其需求,准确的需求往往在用户参与项目的过程中得以逐渐显现;

(3) 项目目标和范围不清晰,系统应用领域广泛,不同领域的应用项目对项目的目标有较大差异,决策过程复杂,项目间可复制、继承的经验少;

(4) 项目涉及的技术较新、创新度高、难度大,空间信息技术尚处于不断创新、完善和标准化的过程中,且需要与其他技术进行集成;

(5) 项目沟通协作较复杂,项目人员包含少量管理人员、大量技术人员,项目团队构成复杂、参与机构多,管理难度大;

(6) 项目风险大、不易控,涉及国家空间信息数据,保密、安全要求高,在技术、资金、人员等多方面都存在较大风险。

3.2.2 空间信息系统项目管理框架

结合空间信息系统项目管理需求,针对系统应用特点,空间信息系统项目管理框架由以下六个方面构成:环境因素、空间信息系统技术体系、项目管理内容、项目管理技术/工具/方法、项目管理过程组和项目生命周期,这六个方面的内容相互独立而又综合作用于整个项目管理过程,如图 3-2 所示。

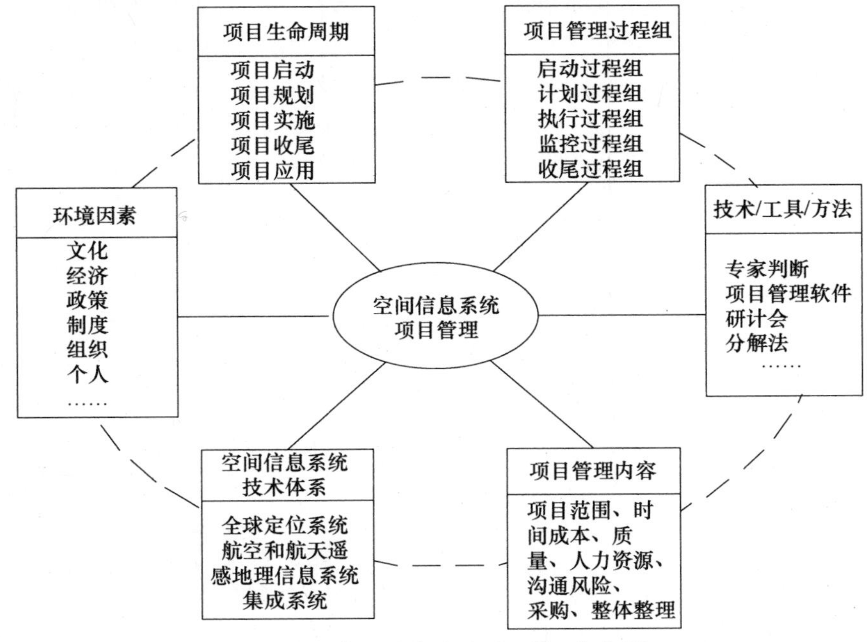

图 3-2 空间信息系统项目管理框架图

（1）环境因素：任何项目都会受到社会文化、经济、政策、制度、组织、个人等多方面环境因素的影响，尤其是在项目立项之前，组织的高层管理人员和项目经理需要综合考虑环境因素的影响，以权衡是否启动、实施项目；

（2）空间信息系统技术体系：技术体系是整个项目的技术基础和参照，以供技术研究人员对照参考，项目经理可依据此技术体系划分项目阶段和成果，用户可较容易地理解空间信息技术在各行业的应用并明确需求；

（3）项目管理内容：基于 PMBOK 2008，将空间信息系统项目的管理分为 9 项内容，包括项目整体管理、范围管理、时间管理、成本管理、质量管理、人力资源管理、沟通管理、风险管理和采购管理等。后续章节将针对这 9 项内容，根据空间信息系统项目的特点，详细阐述各管理内容的理论、方法和应用实践；

（4）项目管理技术/工具/方法：项目经理可根据实际需要，选择适当的项目管理技术/工具/方法，使项目管理更容易、高效；

（5）项目管理过程组：基于 PMBOK 2008，将空间信息系统项目分为 5 个过程组，包括启动、计划、执行、监控和收尾，该 5 个过程是在各个项目阶段中不断循环发生的，各过程之间产生的成果也是相互联系的；

（6）项目生命周期：通常将项目生命周期划分为启动、规划、实施、收尾 4 个阶段，而项目应用是空间信息系统项目不可或缺的部分，故将项目应用也纳入整个生命周期。

对于这个框架，不同的项目参与者关注的重点不同。技术人员主要基于空间信息系统技术体系，完成项目的预期目标并达到设计的质量要求；研究人员着重研究、总结空间信息系统和项目管理的理论、方法、经验；项目经理和用户需要考虑项目阶段如何划分，关注每个阶段的工作重点和成果；而高层管理人员则会从战略角度考虑整体环境对组织、项目的影响，并做出决策。

第4章　空间信息系统战略管理与项目启动

4.1　空间信息系统战略管理

4.1.1　我国空间信息领域急需开展战略管理

纵观我国空间信息领域发展现状，产业链尚未真正形成，国家及地方缺乏整体性的战略研究和系统性的规划设计，行业缺乏统一管理，尚未很好地实现我国创新资源的有效分工与合理衔接，产业发展的动力严重不足，急需实施空间信息领域的战略研究。因此，可从产业级、企业级和项目级三个层面开展我国空间信息领域的战略规划和管理：

1. 产业级战略研究和顶层设计

我国在空间信息产业发展方面缺乏战略研究和顶层设计，"用产学研管"的优势资源尚未形成有效整合，面临着国际竞争日益深化的巨大挑战，尚不具备面向全国乃至全球的资源整合战略准备。

因此，急需明确战略研究、顶层设计在空间信息产业发展中的关键作用、基础支撑作用，坚持其贯穿产业发展始终的主导思想。尽快开展空间信息产业现状、应用需求、发展方向、发展规律、总体架构、发展策略、实施战略、政策法规等方面的研究，明确空间信息产业的前瞻性、战略性、全局性发展方向与重点，站在国家的高度统筹规划各行业、各部门的应用需求、战略性资源和大系统建设，真正做到"一份投入、资源共享、多方受益"。坚持以市场为导向、企业为主体、效益为基础的"用产学研管"相结合的产业化发展模式。

2. 企业级战略管理

目前，我国空间信息领域的企业整体上存在"小、散、乱、低"的现象。"小"体现在企业规模小，小微企业仍是产业主体，企业缺乏核心竞争力和名牌产品；"散"体现在市场分散，企业数量达上万家，但没有形成结构合理、协调发展的完整产业链，关键环节缺乏真正的龙头企业，极度需要联合和优化组合；"乱"体现在企业恶性竞争，侵权盗版猖獗，市场不规范，科技研发与产业发展严重脱节；"低"体现在企业普遍效益差，竞争层次低，产品服务附加值小，企业管理水平不高，需要兼并和重组。

为了改善这种不利局面，谋得发展，企业必须坚持以市场为导向，进行总体性谋划，时刻关注整个产业的发展，充分利用各种资源和机会，合理调整企业结构和全部资源，积极开展战略管理工作。

3. 项目级战略管理

项目管理的理念和方法在我国空间信息系统项目中尚未得到普遍应用，因此导致该类项目失败率高、风险大、不易控，项目的选择与企业的战略发展不一致，项目的实施不仅不能促进企业的良性发展，还会浪费企业资源、阻碍企业进步。

因此，对空间信息系统项目进行战略管理，就是将复杂的空间信息系统分析、设计、实施等问题分解，以保证项目的开展同企业战略相一致，并提出项目长远的发展目标和实施建议。

本书由于篇幅所限，以下只简要阐述空间信息领域企业级和项目级的战略管理。

4.1.2 空间信息领域企业战略管理

企业战略是企业面对激烈变化、严峻挑战的环境，为求得长期生存和不断发展而进行的总体性谋划。企业战略关心企业外部胜于企业内部，决定企业干什么事业以及是否要干。

更具体的说，企业战略是在符合和保证实现企业使命条件下，在充分利用环境中存在的各种机会和创造新机会的基础上，确定企业同环境的关系，规定企业从事的事业范围、成长方向和竞争对策，合理调整企业结构和分配企业的全部资源。从其制定要求看，企业战略是用机会和威胁评价现在和未来的环境，用优势和劣势评价企业现状，进而选择和确定企业的总体、长远目标，制定和抉择实现目标的行动方案。企业战略的主要特点有全局性、长远性、抗争性和纲领性。

战略管理是指对一个组织的未来方向制定决策和实施这些决策，可分为战略制定、战略执行和战略评估三个方面。

1. 企业战略制定

战略制定的意图主要是明确企业的使命、目标与战略设想，可通过战略分析、战略梳理、战略选择来制定。

1）战略分析

战略分析需要综合考虑企业外部环境、内部环境和内外部环境。通常，企业外部环境指企业范围之外有能力影响企业的一切因素，包括政治、经济、文化、法律、技术、自然等宏观环境，以及本行业企业竞争格局和与其他行业的关系等产业环境。其中，产业环境是分析的重点。

内部环境分析实质上是对企业资源和战略能力的分析，包括竞争态势矩阵

(CPM)、资源与能力分析和内部因素评价矩阵(IFE)。内部优势与劣势加上外部机会与威胁及明确的企业使命,共同构成建立企业目标与战略的基础。

内外环境综合分析通常采用SWOT分析法,其代表分析企业优势、劣势、机会和威胁。SWOT分析法帮助管理者制定4类战略,即SO战略、WO战略、ST战略、WT战略,见表4-1。

表4-1 SWOT分析法

	优势(S)	劣势(W)
机会(O)	SO战略 抓住机遇,发挥优势	WO战略 利用机会,克服劣势
挑战(T)	ST战略 利用优势,减少威胁	WT战略 弥补缺点,规避威胁

2)战略梳理

战略可划分为企业战略、业务战略和职能战略三个层次。企业战略是最高管理层指导和控制企业一切行为的最高行动纲领;业务战略是企业战略的子战略,是为某一特定部门制定的战略;职能战略是在特定的职能领域内制定的实施战略,其目的是支持企业战略和业务战略。

战略还可划分为三种类型,即加强型、防御型和扩张型。加强型战略包括市场渗透、市场开发和产品开发;防御型战略包括收割、合资经营、剥离和清算;扩张型战略包括一体化和多元化。

三种竞争力分析指企业采取的竞争策略,分为成本领先战略、差异化战略和目标集中战略。

3)战略选择

在得出各种战略后,就面临战略选择问题,可采用的方法有战略地位与行动评价矩阵(SPACE)、大战略矩阵(GSM)、内部-外部(IE)矩阵、波士顿矩阵(BCG)、通用电气公司(GE)矩阵、平衡积分卡(BSC)等,在此不再赘述。

2. 企业战略执行

企业战略一旦形成后,战略管理的关键就是战略的执行,战略执行一般包括建立组织、配置资源、制定政策、实施领导以及创造企业文化等。

战略实施主要依赖于一个健全的组织和高素质的高层管理人员,设计组织结构要遵循“组织结构服从组织战略”的原则。

资源配置主要考虑如何有效分配资金和人力,需制定出切实可行的实施计划。其作用是作为高层管理者指挥的依据和控制的基础,可应对不确定性因素,减少浪费、提高效益,制定方式主要有自上而下法、自下而上法、上下结合法、设立特别小组等。

政策制定是战略实施的制度保障,要确定各战略单位独立行动的范围和可采取的行动和方向,将企业战略落实到具体的日常工作中。

要使战略真正落实到行动上,必须发挥领导在战略实施中的作用。在实施战略的过程中,企业高层要解决好两个问题:任命关键的经理人选和领导下属正确执行战略。

创造富有活力的企业文化是实施战略的重要内容之一。企业在一定时期内所实施的战略与原有企业文化有时是一致的,有时是冲突的,需要采取不同的对策以应对此变化。

3. 企业战略评估

在实施战略的过程中,缺乏严格的控制机制和绩效考核标准往往会导致战略实施的挫败。因此,对已实施的战略进行控制、反馈和评价是一项极为重要的工作。评价要素通常包括4个方面:环境匹配性、目标一致性、能力适应性和运作可行性。

空间信息领域的企业大多仍处于发展初期,积极而及时地开展企业战略管理可以明确企业发展方向、制定企业发展策略、洞察产业环境、增加企业的效益,有效促进企业的良性发展。

4.1.3 空间信息系统项目战略管理

空间信息系统项目战略管理是在调查、评估和诊断组织结构、战略管理、业务流程和信息利用现状的基础上,找出组织中存在的问题或可改善的地方,提出空间信息系统解决方案,在对项目目标、范围、投资效益可行性研究的基础上,提出项目长远发展目标和实施建议的过程。从管理的角度看,空间信息系统战略管理就是制定一个战略层次的管理框架,将复杂的系统分析、设计、实施和应用问题分解,方便项目管理。

1. 项目战略规划

空间信息系统项目战略规划过程中要制定和调整组织的信息化指导纲领,争取以最适合的规模、最适合的成本去做最适合的系统应用工作。战略规划往往是根据本组织的战略需求,明确系统远景和定位,定义系统的发展方向和在实现企业战略过程中应起的作用。

空间信息系统项目战略规划包括以下步骤:

(1)组织现状分析。包括分析组织的目标、业务运作、管理文化、员工经验、限制条件等,主要目的是评估人员和组织对于引入信息技术可能引起的改变方面的反应和接受程度。

(2)确立战略目标。确立中远期的、整体的目标,目的是取得项目共识、与组织使命和策略吻合,并为后续的项目提供目标。

(3)限制条件及解决方案。针对组织目标和技术潜力,在用户调查和需求分析的基础上,评估各种限制条件,提出解决方案。

(4) 可行性研究。考虑限制条件下,进行财务可行性、技术可行性和组织可行性分析。

(5) 制定战略途径和项目目标。构建空间信息系统技术与管理框架,指导中长期项目实施。

(6) 准备战略规划报告。撰写系统总体设计和战略规划报告书,获得高层批准,成为项目总体指南。

2. 项目战略执行

项目战略的执行同企业战略执行有相似之处,包括项目团队建设、配置项目资源、制定项目制度、制定中长期整体项目计划等。

同项目管理相比,项目战略执行更专注于整体战略、项目目标和范围而非项目的具体事项,专注于组织需求而非具体的信息技术,重点是用户需求调查与分析、系统可行性研究而非系统集成。

3. 项目战略评估

与企业战略评估类似,对项目战略的评估通常也要考虑与整个产业/企业环境的匹配性、目标的一致性、能力的适应性和运作的可行性等,并向高层管理者积极反馈评估结果,为后续项目的选择、实施提供依据。

4.2 空间信息系统项目启动

4.2.1 项目启动过程

项目启动是项目生命周期的第一阶段。本书项目启动的标志可被认定为:项目建议书(立项申请)获得高层的批准;组织为项目分配了相应所需的资源;组织任命了项目组负责人或项目经理,并进行了项目相关授权。

项目启动过程一般可划分为确定立项目标和动机、立项价值判断、项目选择和确定、初步调查、可行性研究。

市场需求、政策导向和技术发展情况是确定立项目标和动机的三个重要因素。在项目选择和确定方面,需要对项目的优先级进行排序,选择有核心价值的项目,并评估所选择的项目和其实施方式,平衡地选择合适的项目方案。初步调查过程需要进行初步需求分析,摸清企业的基本状况、管理方式、现有系统状况等。

4.2.2 可行性研究

可行性研究的目的不是如何解决问题,而是确定问题是否值得去解决。可行性研究的任务就是用最少的代价在尽可能短的时间内确定问题是否能够解决。

1. 可行性研究的内容

可行性研究的内容包括投资必要性、技术可行性、财务可行性、组织可行性、经济可行性、操作可行性、社会可行性和风险因素及对策等。

其中,技术可行性要考虑在有限的资源内,能否设计出系统并实现必需的功能和性能,相关技术的发展是否支持这个系统。尤其对于空间信息系统,涉及大量的空间数据和信息,并且和所应用的行业密切相关,更要切实评估系统的技术可行性。

经济可行性一般要考虑最小利润值,包括成本—效益分析、公司经营长期策略、开发所需的成本和资源、潜在的市场前景等。

操作可行性包括法律可行性和执行可行性,即在系统开发过程中可能涉及的合同、侵权、责任等法律问题,以及系统使用单位在行政管理、工作制度、业务流程和人员素质等因素上能否满足系统操作的要求。

2. 可行性研究的步骤

1)初步可行性研究

进行初步可行性研究的目的是分析项目是否应该继续深入调查研究,初步估计和确定项目中的关键技术及核心问题是否需要解决,初步评估判断是否具备必要的技术、财务、人力等支持条件。

初步可行性研究的内容包括市场情况、设计开发能力、技术和设备方案选择、项目进度安排、投资与成本估算等。其形成的成果是初步可行性研究报告,可作为正式文献供决策参考。

高层管理者可依据初步可行性研究报告形成四种可能的审批意见:肯定,对于比较小的项目甚至可以直接“上马”;肯定,转入详细可行性研究;推迟实施,高层认可项目,但项目的优先级别较低,需要等待合适的时间,或项目信息不足,要展开进一步的专题研究;否定,项目“下马”。

2)撰写项目建议书(立项申请)

项目建议书是项目发展周期的初始阶段,是项目启动阶段最正式的项目文档之一,是获得组织高层审批项目和获得项目投资的重要依据,也是可行性研究的依据。

项目建议书反映了项目发起人对项目的理解程度,通常使用非技术性的语言说明项目投资的目的,明确项目的目标、范围、组织、费用、时间、效益、风险等因素。

项目建议书的撰写并没有一个固定的格式和规范,其主要目的是让高层理解所建议的项目,获得共识进而审批项目。通常,一个项目建议书需要包括以下内容:①项目说明,包括行业、组织存在的问题、现有技术、投资经验等;②项目背景；③项目的市场预测；④技术方案或产品方案；⑤ 初步的可行性分析，包括技术、组织、财务等方面；⑥项目建设需要的资源、条件；⑦建议与计划等。

空间信息系统的项目建议书并不局限于这些内容，还需要考虑国家/地方的政策、行业的规范要求、组织的管理文化以及项目的应用领域等，其撰写过程也是项目建议者理清思路、形成系统思维的过程。

在我国，空间信息系统项目的投资决策过程非常复杂。一方面，国有企业的空间信息系统项目通常作为企业策略性投资，纳入国家或部门统筹的企业技改计划，经费多来自于国家资金和自筹资金；政府部门的空间信息系统项目多来自于国家重大发展计划的带动实施，因此，项目审批、经费使用都非常严格。另一方面，决策者一般对空间信息技术期望很高，希望通过技术的应用解决信息化、自动化、决策支持等重大问题，然而由于具备的空间信息技术相关知识较为薄弱，投资经验少，导致项目存在决策过程周期长、程序繁杂、不确定因素多等诸多问题。此外，我国的空间信息系统技术和市场尚不成熟，导致应用成本难于估算，效益难于预测，项目的投资决策和实施具有较高的风险和不确定性。

为了应对我国现行组织、制度快速转变的环境，空间信息系统项目建议书的撰写需要坚持以下原则：①从组织的战略目标、存在的实际问题出发，结合空间信息技术特点，确定项目的目标和范围；②要实事求是，避免夸大空间信息技术的优势，避免提出过高的项目目标，防止经济、人力、管理等方面不能满足项目要求而导致项目失败；③对于多个组织、部门参与的项目，要充分考虑项目对整个组织的影响，评估多个利益团体的反应和接受程度，为项目顺利实施奠定基础；④针对每个应用行业的不同特点，充分分析其业务流程，从用户角度出发灵活机动地撰写建议书，避免生搬硬套。

3）详细可行性研究

详细可行性研究是在项目决策前对项目有关的技术、经济、法律、社会环境等方面的条件和情况进行详尽的、系统的、全面的调查、研究、分析，对各种可能的技术方案进行详细的论证、比较，并对项目建设完成后可能取得的经济、社会效益进行预测和评价，最终递交的可行性研究报告将成为进行项目评估和决策的依据。详细可行性研究要秉持“科学性、客观性、公正性”的原则。

详细可行性研究一般包括以下内容：①概述；②需求确定；③现有资源、设施情况分析；④初步设计方案；⑤项目实施进度计划建议；⑥投资估算和资金筹措计划；⑦项目组织、人力资源、技术培训计划；⑧经济和社会效益分析；⑨合作/协作方式；⑩质量计划。

4）成本效益分析

成本效益分析首先是估算新项目的开发成本，然后与可能取得的效益进行比较权衡。有形的效益可以用货币的时间价值、投资回收期、纯收入、投资回报率等指标进行度量。无形的效益主要从性质上、心理上进行衡量，很难直接进行量上的比较。无形的效益在某些情况下会转化为有形的效益。

分析成本效益的方法通常有净现值(Net Present Value,NPV)分析和投资回收期两种。净现值分析主要考虑货币的时间价值，即项目在生命周期内各年的净现金流量按照一定的、相同的贴现率贴现到初期时的现值之和。

投资回收期指投资回收的期限，就是用投资方案所产生的净现金收入回收初始全部投资所需的时间。对于投资者来讲，投资回收期越短越好，从而减少投资的风险。计算投资回收期时，根据是否考虑资金的时间价值，可分为静态投资回收期(不考虑资金时间价值因素)和动态投资回收期(考虑资金时间价值因素)，从项目开始投入之日算起，单位通常用"年"表示。

5）项目论证

项目论证是指对拟实施项目的技术、经济、风险进行全面科学的综合分析，为项目决策提供客观依据的一种技术经济研究活动。项目论证是项目是否实施的依据，也是筹措资金、向银行贷款的依据，还是编制计划、设计、采购、施工以及机构、设备、资源配置的依据，是防范风险、提高项目效率的重要保证。

项目论证分为内部论证和外部论证。内部论证的执行主体为项目承担单位内部没有参加过项目可行性研究的技术、市场、财务专家，还可邀请客户代表和外单位专家参加。外部论证由项目投资者或委托第三方权威机构开展。

一般来说，项目论证包括以下步骤：①明确项目范围和业主目标；②收集并分析相关资料；③拟定多种可行的能够相互替代的实施方案；④多方案分析比较；⑤选择最优方案进一步详细全面地论证；⑥编制项目论证报告、环境影响报告书和采购方式审批报告；⑦编制资金筹措计划和项目实施进度计划。

项目论证的内容包括项目财务评价、项目国民经济评价、项目环境影响评价和项目社会影响评价。

6）项目评估

在项目可行性研究的基础上，由项目投资者、项目主管部门或第三方对拟建项目进行评价、分析和论证，进而判断是否可行。项目评估是项目立项之前必不可少的重要环节，用于审查项目可行性研究的可靠性、真实性和客观性，为银行贷款决策或行政主管部门的审批决策提供科学依据。

项目评估的内容主要有：项目与企业概况，项目建设的必要性，项目建设规模，资源、配件、燃料及公共设施条件，技术和设备方案，信息安全，实施进度，项目组织、人员培训计划，投资估算和资金筹措，项目经济效益，国民经济效益、社会效益，项目风险等。

项目评估报告是项目评估的结果，评估结论一般以建议的方式给出，如"建议立项""建议不立项""建议补充材料，重新评估"等。

4.3 案例分析

4.3.1 空间信息系统项目启动案例

ST空间信息技术有限公司中标某市卫生局新型农村合作医疗管理信息系统建设项目,公司委派业务部肖经理负责此项目的启动。肖经理在接到任务后,即开始了项目的启动工作。作为项目的负责人,肖经理在接到任务后将如何启动项目?

项目启动工作一般从以下几个方面考虑:

(1) 识别项目的需求:从投资方角度而言,识别需求是项目启动过程和整个项目生命周期的最初活动,此过程为项目的目标确定以及可行性分析和项目立项提供直接、有效的依据,为需求建议书的编写提供基础;从承建方的角度而言,识别需求就是得到客户的需求建议书,或得到客户初步需求意向后,项目团队从技术实现、应用和项目实施角度识别客户实际存在的问题、基本意图和真实想法,从而达到与客户有效的沟通,准确分析需求和问题,为制定可行、正确的技术及实施解决方案提供依据。

(2) 解决方案的确定:解决方案类似于向客户提交的项目建议书。解决方案通常包括技术方案部分、管理部分和经费部分。

(3) 项目可行性分析:其目的是给决策者提供判断项目是否可行和投资决策的依据。

(4) 项目立项:经过项目可行性分析后,投资方确立具体的可投资项目或承建方确立可承接的项目的过程。

(5) 制定项目章程:项目立项完成之后,项目章程的制定和发布将是项目启动的一个结束标志。

由于该项目为中标项目,因此项目投资总额、初步解决方案等基本情况在投标材料中已经确定。项目启动后,肖经理可以从以下几点着重考虑:进一步明确客户需求、制定较为详细的解决方案、项目立项并制定和发布项目章程等。

4.3.2 空间信息系统项目可行性研究案例

TH科技有限公司为了拓展业务渠道,提高服务质量,拟启动海洋渔业安全生产信息服务系统建设项目。该公司决定由信息技术部的王工负责开展前期工作。为稳妥起见,王工调查了该公司现有同类系统,并对市场上的现有产品进行了认真的考察,此后编写了项目的可行性报告。

可行性研究的步骤是什么?可行性研究报告主要包含什么内容?考虑到项目的重要性,在可行性研究的基础上,王工请第三方根据国家颁布的政策、法律法规等，从项目、国民经济、社会角度出发，对拟建项目进行了各方面的评估，并形成了项目评估报告，项目评估报告主要包含什么内容？

在项目计划和选择的过程中，需要完成的首要工作是对项目进行估算。在传统的空间信息系统建设过程中，可行性研究通常作为一个重要的环节被包含在整个项目立项或项目选择和确认的过程中。空间信息系统项目可行性研究的目的，就是用最小的代价在尽可能短的时间内确定：项目有无必要？能否完成？是否值得去做？可行性研究通常包含以下步骤：确定项目规模和目标；研究正在运行的系统；建立新系统的逻辑模型；导出和评价各种方案；推进可行性方案；编写可行性研究报告；递交可行性研究报告。

可行性研究报告的编写目的是说明该项目在技术、经济和社会条件等方面实现的可行性；评述为了合理地达到开发目标而可能选择的各种方案；说明并论证所选定的方案。可行性研究报告包括的内容主要有：引言；可行性研究的前提；对现有系统的分析；所建议的系统；可选择的其他系统方案；投资及效益分析；社会因素方面的可行性；结论。

项目论证与评估是项目立项前的最后一关，"先论证，后决策"是现代项目管理的一项基本原则。项目评估报告一般包括以下内容：项目概况；评估目标；评估依据；评估内容；评估机构与评估专家；评估过程；详细评估意见；存在或遗漏的重大问题；潜在的风险；评估结论；进一步的建议。

4.4 实践应用

广东某市数字市政综合业务集成系统的投资可行性研究

Z地理信息有限公司于2013年为广东某市的数字市政综合业务集成系统进行了成本效益分析。该系统跨越多个政府部门，是一项信息技术基础设施投资，目标是增强政府部门服务和提高办事效率。该市已经完成了系统的概念设计和战略规划，为协助投资者进行投资决策，特别委托R公司进行了投资成本与效益分析。R公司是一家专门从事GIS软件、数据与服务的公司。

该投资分析的基本原理是：考虑时间因素，详细估算项目成本和收益的数值，计算项目投资的财务指标。为了便于分析，对于项目的期限、费用、效益、折现率等情况做了基本假设，并采用比较保守的策略估计成本和收益。假设系统生命周期是10年、投资期为3年、收益累计起算日期是2007年，费用参照项目战略规划和实施规划报告，按年度累计。项目效益的估算比较困难，为了便于分析，对项目的效益进行了简化和量化：忽略合作伙伴的收益、公共的获益、服务改善、政府决策改善等，只考虑生产力的提高，并且只有与项目相关的部门和人员按照受影响程度加权计算。实证研究表明，简单业务过程的自动化可以带来10%的效率提高,而自动化加业务流程改进可以获得高达90%的生产力提高。

该市数字市政综合业务集成系统成本效益分析报告的内容主要包括以下部分:

(1) 概况:简要介绍项目,指出成本效益分析的有效性和局限性,并介绍了系统生命周期、资金机会成本、投资回收期等概念;

(2) 分析:对于项目的期限、费用、效益、折现率等情况做了基本假设,也指出了项目的间接效益种类,提出使用净现值、净现金流入总量和投资回收期进行投资分析;

(3) 结果:提供了10年内每个财务年度的项目投资与系统运行费用,在生产力提高1%、2%、3%、5%、10%、15%时,项目的潜在现金回报、净现金流入累计值与投资回报期限;

(4) 结论:对于项目投资分析做出了简要的结论;

(5) 附录:详细列出了费用明细表、各年度项目收益现金值、各年度项目现金流。

从报告中可以看出,该项目具有比较好的投资价值。10年内项目的总投资为332.09万元;在生产力提高5%的情况下,10年内可以带来1028.83万元的收益、696.74万元的净现金流入,投资回收周期为5.25年。

第5章　空间信息系统项目整合管理

5.1　空间信息系统项目整合管理理论

项目整合管理是从全局的、整体的观点出发并通过有机地协调项目各个要素（进度、成本、质量和资源等），在相互影响的项目各具体目标和方案中权衡和选择，尽可能消除项目各单项管理的局限性，从而实现最大限度地满足项目干系人的需求和希望的目的。

项目的整合管理包括7个管理过程，分别是制定项目章程、制定项目范围说明书（初步）、制定项目管理计划、指导和管理项目执行、监督和控制项目工作、整体变更控制、项目收尾，如表5－1所示。

项目整合管理具有综合性、全局性和系统性的特点，贯穿项目的整个生命周期。综合性意味着项目整合管理过程负责管理项目的需求、范围、进度、成本、质量、人力资源、沟通、风险和采购。全局性意味着项目整合管理过程负责管理项目的整体，包括项目管理工作、技术工作和商务工作等。全生命周期管理意味着项目整合管理过程负责管理项目的启动直到收尾阶段的整个项目生命周期。根据每个项目的实际情况，项目整体管理的重点随项目的不同而有所变化。项目整合管理也会综合考虑成本、进度和质量的相互约束，以及各目标之间的协调和平衡。

表5－1　项目整合管理知识体系

管理过程	输　入	工具和技术	输　出
项目章程	合同 工作说明书 环境和组织因素 组织过程资产	项目选择方法 项目管理方法 项目管理信息系统 专家判断	项目章程
项目范围说明书（初步）	项目章程 工作说明书 环境与组织因素 组织过程资产	项目管理方法论 项目管理信息系统 专家判断	项目范围说明书（初步）
项目管理计划	项目章程 项目范围说明书（初步） 项目管理过程 预测 环境和组织因素 组织过程资产 工作绩效信息	项目管理方法论 项目管理信息系统 专家判断	项目管理计划 配置管理计划 变更控制系统

（续）

管理过程	输　入	工具和技术	输　出
指导和管理项目的执行	项目管理计划 已批准的纠正措施 已批准的预防措施 已批准的变更申请 已批准的缺陷修复 确认缺陷修复	项目管理方法论 项目管理信息系统	可交付物 申请的变更 已实施的变更申请 已实施的纠正措施 应用的预防行动 应用过失修复 工作执行信息
监督和控制项目工作	项目管理计划 工作绩效信息 绩效报告 被拒绝的变更需求	项目管理方法论 项目管理信息系统 挣值管理 专家判断	建议的纠正措施 建议的预防措施 项目报告 预测 建议的缺陷修复 需求变更
综合变更控制	项目管理计划 申请的变更 工作绩效信息 建议的预防措施 建议的纠正措施 建议的缺陷修复 可交付物	项目管理方法论 项目管理信息系统 专家判断	已批准的变更申请 被拒绝的变更申请 项目管理计划（已批准更新） 项目范围说明书 已批准的纠正措施 已批准的预防措施 已批准的缺陷修复 可交付物（已批准）
项目收尾	项目章程 项目范围说明书 项目管理计划 合同文件 组织过程资产 环境和组织因素 工作绩效信息 可交付物（已批准的）	项目管理方法论 项目管理信息系统 专家判断	管理收尾规程 合同收尾规程 最终产品、服务或成果 组织过程资产（已更新）

5.1.1 制定项目章程

制定项目章程是制定一份正式批准项目或阶段的文件，并记录能反映干系人需要和期望的初步要求的过程。项目章程的批准，标志着项目的正式启动。

项目章程是正式授权一个项目和项目资金的文件，其作用如下：

（1）正式宣布项目的存在，对项目的开始实施赋予合法地位；

（2）粗略地规定项目的范围；

（3）正式任命项目经理，授权其使用组织的资源开展项目活动。

项目章程主要依据项目工作说明书、商业论证、合同、企业环境因素、组织过程资产等来制定。

制定项目章程所采用的主要工具和技术是专家判断,可以借助专家判断和专业知识来处理各种技术和管理问题。

5.1.2 制定项目管理计划

制定项目管理计划是对定义、编制、整合和协调所有子计划所必需的行动进行记录的过程,需要整合一系列相关过程,且要持续到项目收尾。

项目管理计划是项目组织根据项目目标的规定,对项目实施过程中进行的各项活动做出周密的安排。项目管理计划围绕项目目标的完成,系统地确定项目的任务,安排任务进度,编制完成任务所需的资源、预算等,从而保证项目能够在合理的工期内,用尽可能低的成本和尽可能高的质量完成。

项目管理计划是项目实施的依据和指南,可以减少实现目标过程中的不确定性,确立项目团队成员及工作的责任范围和地位以及相应的职权,可以促进项目团队成员及项目委托人和管理部门之间的交流与沟通,增加客户满意度,并确保以时间、成本及其他资源需求的最小化实现项目目标。

制定项目管理计划应遵循全局性原则、全过程原则、人员与资源的统一组织与管理原则、技术工作与管理工作协调的原则。制定项目管理计划的过程是一个渐进明细、逐步细化的过程,通常包含以下过程:

(1) 明确目标:明确项目目标和阶段目标;

(2) 组建初步的项目团队:拟参与项目的成员最好能在项目启动时参加项目启动会议,以了解项目总体目标和计划,并明确个人的目标、职责等;

(3) 工作准备与信息收集:项目经理组织前期加入的项目团队成员准备项目工作所需要的规范、工具、环境等,并在规定的时间内尽可能全面地收集项目信息;

(4) 根据标准和模板编写初步的、概要的项目计划;

(5) 编写分计划:包括范围管理、质量管理、进度、预算、采购等,将分计划纳入项目管理计划并进行综合平衡、优化;

(6) 编写项目管理计划:由项目经理负责组织编写;

(7) 评审、批准项目管理计划;

(8) 建立项目基准:获得批准后的项目管理计划即为项目基准。

5.1.3 指导与管理项目执行

指导与管理项目执行是为实现项目目标而执行项目管理计划中所确定的工作的过程。具体活动如下:

(1) 开展活动实现项目要求;

(2) 创造项目的可交付成果;

(3) 配备、培训和管理项目团队成员;

(4) 获取、管理和使用项目资源;

(5) 执行已计划好的方法和标准;

(6) 建立并管理项目团队内外的沟通渠道;

(7) 生成项目数据;

(8) 提出变更请求,并根据项目范围、计划和环境来实施批准的变更;

(9) 管理项目风险并实施风险应对活动;

(10) 管理卖方和供应商;

(11) 收集和记录经验教训,并实施批准的过程改进活动。

5.1.4 监控项目工作

监控项目工作是跟踪、审查和调整项目进展,以实现项目管理计划中确定的绩效目标的过程。监督贯穿于整个项目周期,包括收集、测量和发布绩效信息,分析测量结果和预测趋势,以推进过程改进。

监控项目工作过程涉及以下内容:

(1) 将项目的实际绩效与项目管理计划进行比较;

(2) 评估项目绩效;

(3) 识别新的风险;

(4) 维护一个准确并及时更新的信息库;

(5) 为状态报告、进展测量和预测提供信息;

(6) 做出预测,更新当前的成本与进度信息;

(7) 监督已批准的变更的实施情况。

监控项目工作的手段主要是通过在预定的里程碑处,将实际的工作产品和任务属性、工作量、成本以及进度与计划进行对比来确定进展情况。

5.1.5 实施整体变更控制

1. 整体变更控制概述

整体变更控制是指在项目生命周期的整个过程中对变更进行识别、评价和管理,其主要目标是对影响变更的因素进行分析、引导和控制,使其朝着有利于项目的方向发展;确定变更是否真的已经发生或不久就会发生;当变更发生时,对变更进行有效的控制和管理。

实施整体变更控制是审查所有变更请求、批准变更,并管理对可交付成果、组织过程资产、项目文件和项目管理计划的变更的过程,该过程贯穿项目始终。项目管理团队需要通过谨慎、持续地管理变更,来维护项目管理计划、项目范围说明书和其他可交付成果。

实施整体变更控制的过程包括以下变更管理活动,应该通过否决或批准变更,来确保只有经过批准的变更才能纳入修改后的基准中:

(1) 确保只有经过批准的变更才能付诸执行;

(2) 迅速地审查、分析和批准变更请求;

(3) 管理已批准的变更;

(4) 仅允许已批准的变更纳入项目管理计划和项目文件中;

(5) 审查已推荐的全部纠正措施和预防措施,并加以批准或否决;

(6) 协调整个项目中的各种变更;

(7) 完整地记录变更请求的各种影响。

2. 变更控制的基本原则

变更控制的基本原则归纳如下:

(1) 谨慎对待变更请求,尽量控制变更;

(2) 高度重视需求变更:在项目变更中一般存在需求变更、进度变更和成本变更,需求是龙头,一旦需求发生变化会直接影响进度、成本及质量三要素的变化;

(3) 签署变更控制协议;

(4) 在基线基础上做好变更实施;

(5) 需要有好的变更控制系统的支持;

(6) 将项目变化融入项目计划;

(7) 及时发布变更信息。

3. 组织机构与工作程序

项目变更控制委员会(CCB)或更完整的配置控制委员会,或相关职能的类似组织,是项目的所有者权益代表,负责裁定接受哪些变更。CCB 由项目所涉及的多方人员共同组成,通常包括用户和实施方的决策人员。

变更管理工作一般包括以下程序:

(1) 提出与接受变更申请:提出变更申请应该及时,且留下书面记录;

(2) 对变更的初审:变更初审需要确认变更必要性,进行格式、完整性校验;

(3) 变更方案论证:需要论证变更请求的可实现性,若可实现,则将变更请求由技术要求转化为资源需求;

(4) 项目变更控制委员会审查:应将技术评审和经济评审分开,对涉及项目目标和交付成果的变更,客户的意见应放在核心位置;

(5) 发出变更通知并开始实施:评审通过即意味着项目基准的调整,更要明确项目的交付日期、成果对相关干系人的影响;

(6) 变更实施的监控:通过监控,确保项目的整体实施工作是受控的;

(7) 变更效果评估；

(8) 判断发生变更后的项目是否已纳入正常轨道。

5.1.6 结束项目或阶段

结束项目(或阶段)是完结所有项目管理过程组的所有活动以正式结束项目或阶段的过程。项目经理需要通过审查项目管理计划来确保项目工作全部完成后才能宣布项目结束。如果项目在完工前提前结束,还需要调查和记录提前终止的原因。

1. 项目收尾

项目收尾包括合同收尾和管理收尾。

合同收尾涉及结算和关闭项目所建立的任何合同、采购或买进协议及与合同相关的活动。

管理收尾需要确认项目或阶段已满足所有客户或项目干系人的需求,确认已满足项目或阶段的目标,并收集项目或阶段的记录、经验教训,归档项目信息,纳入组织过程资产。

2. 项目验收

项目验收是指项目结束时,项目团队将其成果交付给使用者之前,项目接收方会同项目团队、项目监理等有关方面对项目的工作成果进行审查,审核项目计划规定范围内的各项工作或活动是否已经完成,及应交付的成果是否令人满意。验收需要提交正式的验收报告。

空间信息系统项目的验收工作包括如下步骤:

(1) 系统测试:依据合同约定的系统环境,对空间信息系统进行全面测试,以确保系统的功能和技术设计满足业主的需求,并能正常运行;

(2) 系统试运行:包括数据迁移和日常维护;

(3) 系统文档验收:在经过系统测试后,系统的文档应当逐步移交给建设单位,并经双方签字认可;

(4) 项目最终验收报告:在系统试运行后的约定时间(一般为6个月),双方可以进行项目的最终验收,由双方的项目团队撰写验收报告,并请双方主管领导认可,这标志着项目具体工作的结束和项目管理收尾的开始。

3. 项目后评价

项目后评价是指对已经完成的项目的目的、执行过程、效益、作用和影响所进行的系统、客观的分析。

项目后评价包括项目竣工验收、项目效益后评价和项目管理后评价。项目后评价最好专门组织,项目团队全体成员参加,并形成项目后评价报告。

有些项目还需要进行项目审计,项目审计应由项目管理部门与财务部门共同进行。在项目结束的时候,对已经列出的支出和收入进行财务审计,对不合理的支出和收入加以分析,为改进项目的管理服务。

5.2 案例分析

XT 信息技术有限公司中标江西某市三维地理信息系统建设的项目,孙工作为公司派出的项目经理,带领项目团队开始进行项目的研发工作。孙工以前是一名老技术人员,从事 GIS 开发多年,是个细心又技术扎实的老工程师。在项目的初期,孙工制定了一份非常详细的项目计划,项目组成员的工作都被排得满满的。为加快项目的进度,孙工制定好项目计划后就分发到项目组成员的手中开始实施。然而,随着项目的进行,由于项目需求不断变更,项目组成员也有所更换,项目组已经不能再按照原来的计划来进行工作,大家都是当天早上才安排当天的工作事项,孙工每天都要被工作安排搞得焦头烂额,项目开始出现混乱的局面。一边是客户在催着将项目快点完工,要尽快将系统投入使用;另一边是公司分管 GIS 项目的张总在批评孙工开发任务没有落实好。孙工面对项目开始出现混乱的局面应该如何处理?

孙工作为项目经理应当清醒意识到项目开始出现混乱,一是项目计划制定得不妥,二是项目的变更没有控制好,因此孙工需要采取一些有针对性的措施:

(1) 重新制定一份较粗粒度的、切实可行的整体项目计划,由项目组成员根据整体项目计划来制定个人的项目工作计划;

(2) 制定项目计划是一个不断迭代的过程,应将项目计划与项目组成员、公司领导、客户进行沟通,并及时修正完善;

(3) 在项目组中建立变更控制体系,严格项目变更。

5.3 实践应用

东南沿海某港口设施管理地理信息系统项目的整合管理

TN 信息技术有限公司中标了东南沿海某港口设施管理地理信息系统建设项目,该项目于 2011 年 3 月启动。系统以该市地形图为基础,以该市设施资源(建筑物、设备、构造物)和管线资源(给水、排水、燃气、热力、工业、电力、电信等各类管线等)数据为核心,建立一个能快速提供真实、准确的港口设施信息,并能进行综合分析和辅助设计等操作的信息化管理系统。同时可利用系统提供的丰富外部系统接口,实现数据交换与共享,为港口管理、规划、预测决策提供可靠的信息支撑。

由于该系统在港口管理过程中处于重要地位,所以项目整合管理是工作的重点。项目整合管理从全局、整体的观点出发，有机协调项目各个要素，在项目各项具体目标和方案中权衡、选择，尽力消除项目各单项管理的局限，最大化地实现项目干系人的需求和目的。项目整合管理是项目管理中一项综合性和全局性的管理工作，贯穿项目的整个生命周期，涉及项目干系人、项目小组间的横向沟通和协调。

项目整合管理包括如下过程：制定项目章程、制定项目管理计划、指导与管理项目执行、监督和控制项目工作、实施整体变更控制、项目收尾。项目整合管理可使用专家判断法，在项目执行中可使用项目管理信息系统，整体变更控制由变更控制委员会评审决定是否变更。项目整合管理是一个项目能否高效、顺利进行的一项基础性工作。

为了做好项目的整合管理，项目组着重从以下几个方面开展工作：

1. 召开项目主要干系人参加的启动大会

由于该项目是一个多方参与、干系人众多的大型项目，项目启动大会可以促进合作各方达成共识，为项目团队沟通协作奠定良好的基础。TN 公司邀请了该港口管理层领导、信息中心负责人、下属运输公司领导等相关干系人，召开了项目启动大会。会议上宣布了项目正式启动，并任命了项目经理，就项目的主要目标、任务、预算等内容作了详细介绍。

2. 做好充分调研，确定项目初步范围

根据 TN 公司项目管理流程，项目立项之前已提交了经过评审的项目建议书、可研报告、预算书等文档，项目的主要目标、成果、进度计划等已初步确定，但仍存在某些项目阶段划分与实际不符、任务分工不甚明确、合作各方知识产权归属不明等问题。

因此，通过充分调研可以摸清系统的现有工作基础等，对任务进行进一步的分工。此后，通过多次研讨和专家评审，TN 公司项目经理制定了项目范围说明书(初步)。

3. 制定项目管理计划，规划项目实施

项目管理计划是指导项目实施的路线图，是进行管理和监控的基础。首先，项目经理收集信息编制了初步的、概要的项目管理计划，并召集项目组相关人员对初步形成的项目管理计划进行讨论、修改，经过综合平衡、优化后，形成了项目管理计划。最后，由项目专家委员会评审、批准，作为项目的基准计划。

4. 建立合理的项目基线，跟踪项目绩效

为了更好地管理项目执行过程，项目组确定了 4 个重要里程碑。在监控项目实施过程中，项目组采取月例会制度，要求每月末上报工作绩效信息，通过将绩效信息与项目管理计划进行比较，利用甘特图跟踪项目的执行情况，并采取挣值分析法对工作绩效进行评估。在每个阶段完成后，邀请业内 1 ~ 2 名专家，召开项目阶段评审会，对发现的问题进行及时纠正，并收集、记录经验教训。

5. 做好项目整体变更控制

由于该项目复杂程度较高、周期较长，项目变更在所难免，关键是管理好项目变更，尤其是整体变更。在系统开发过程中，开发人员遗漏了回归测试，但经验证后未达到技术指标要求，于是提出返工并延迟 15 天交付成果。经项目组内部协商讨论，该活动处于关键路径，但未达指标要求将影响项目验收。于是，向变更控制委员会提交了变更申请，经过评审，向项目组发布变更通知，要求返工但成果交付时间不变。最后，通过安排国庆节加班赶工，终于按时提交了满足指标要求的成果。

2012 年 6 月，项目的开发工作基本完成，先组织项目组内部进行了测试。同年 8 月，组织了用户培训和系统试用，得到了用户的一致认可，并获得了大量信息反馈和宝贵的意见。该项目于 2012 年 9 月底顺利通过结项验收，系统成功部署到用户单位，取得了良好的效果。该项目的成功，很大程度上得益于良好的项目整合管理工作。

第6章　空间信息系统项目范围管理

6.1　空间信息系统项目范围管理理论

项目范围是指为了达到项目目标，交付具有某种特质的产品和服务，项目规定所要做的工作。项目范围是项目目标的更具体表达。

项目的范围管理包括5个管理过程，分别是范围规划、范围定义、创建工作分解结构、范围确认和范围控制，如表6－1所列。

在空间信息系统项目中，还存在两个相互关联的范围——产品范围和项目范围，其二者区别如下：

(1) 产品范围是指空间信息系统产品或者服务所应该包含的功能，如何确定空间信息系统的范围称为需求分析，项目范围是指为了能够完成空间信息系统项目所应该做的工作；

(2) 产品范围是项目范围的基础，产品的定义范围是空间信息系统要求的量度，而项目范围的定义是产生项目计划的基础；

(3) 产品范围管理偏重于技术，而项目范围管理则侧重于管理；

(4) 判断项目范围是否完成，要以项目管理计划、项目范围说明书、WBS、WBS词典来衡量，而空间信息系统产品或服务是否完成，则根据产品或服务是否满足了需求规格说明来衡量。

表6－1　项目范围管理知识体系

管理过程	输　入	工具和技术	输　出
范围计划编制	项目章程 项目范围说明书(初步) 组织过程资产 环境因素和组织因素 项目管理计划	专家判断 模板、表格和标准	范围管理计划
范围定义	项目章程 项目范围管理计划 组织过程资产 批准的变更申请	产品分析 可选方案识别 专家判断法	项目范围说明书(详细) 项目管理计划(更新)
创建工作分解结构	项目范围说明书(详细) 项目管理计划	工作分解结构模板 分解 WBS编码设计	WBS和WBS字典 项目管理计划(更新)

（续）

管理过程	输　入	工具和技术	输　出
范围确认	项目范围管理计划 可交付物 项目范围说明书 WBS 和 WBS 字典		确认后的范围 WBS 和 WBS 字典(更新)
范围控制	范围管理计划 WBS 和 WBS 字典 绩效报告 工作绩效信息 批准的变更需求	变更控制系统 偏差分析 重新规划 配置管理系统	变更请求 建议的纠正措施 组织过程资产(更新) 项目管理计划(更新) WBS 和 WBS 字典(更新)

6.1.1 收集需求

需求是指发起人、客户和其他干系人的已量化且记录下来的需要与期望。收集需求是为实现项目目标而定义并记录干系人的需求的过程，旨在定义和管理客户期望。

在实践中，需求蔓延是导致空间信息系统项目失败的最常见原因之一。无论是客户要求还是项目实施人员对新技术的试验，往往会在项目启动、计划、执行甚至收尾阶段不断加入新的功能，从而在工期、资源和质量上严重影响空间信息系统项目的完成。许多组织将需求分为项目需求和产品需求。项目需求包括商业需求、项目管理需求和交付需求等；产品需求则包括技术需求、安全需求、性能需求等。

1. 收集需求的方法

收集需求只有通过与干系人的有效合作才能成功。收集需求的方法主要有以下几种：

1）访谈

访谈是一种通过与干系人直接交谈来获得信息的正式或非正式方法。访谈的通常做法是向被访者提出预设或即兴的问题，并记录他们的回答，常采取一对一或多个被访者/访问者共同参与的形式。访谈具有良好的灵活性和较大的应用范围，但也存在干系人无法抽出足够时间、面谈信息量大而较难记录、需要很多沟通技巧等困难。

2）焦点小组会议

焦点小组会议将预先选定的干系人和专家集中在一起，了解他们对产品、服务或成果的期望和态度，该形式往往比一对一的访谈讨论更热烈，也更易激发出较为详尽和准确的需求。

3）引导式研讨会

引导式研讨会对产品需求进行集中讨论和定义，常邀请主要的跨职能干系人一起参加会议，有助于建立信任、促进关系、改善沟通，有利于参与者达成一致意见，且比单项会议能更快地发现和解决问题。

4）群体创新技术

常用群体创新技术有头脑风暴法、名义小组技术、德尔菲法（专家判断法）、概念/思维导图等。

5）问卷调查

问卷调查是指通过设计书面问题向为数众多的受访者快速收集信息的方法。问卷调查可以在短时间内以低廉的代价从大量的回答中收集数据；允许回答者匿名，收集到的数据更加真实；调查结果比较好整理和统计。但也存在一些缺点，如缺乏灵活性，无法从干系人表情等动作获取隐形信息，干系人不认真对待，无法了解细节问题等。可采用访谈和问卷调查结合的方式。

6）原型法

原型法是一种根据干系人初步需求，利用系统开发工具快速建立一个系统模型，在此基础上同干系人沟通，最终实现干系人需求的空间信息系统快速开发方法。该方法通过不断试验、纠错、使用、评价和修改，逐步减少分析和通信中的误解、弥补不足，进一步确定需求的细节，从而提高最终产品的质量。

2. 需求管理计划

需求管理计划是对项目的需求进行定义、确定、记载、核实管理和控制的行动指南，描述了在整个项目生命周期内如何分析、记录和管理需求。需求管理计划包含以下内容：

（1）规划、跟踪和汇报各种需求活动。根据项目规模设计相应的需求管理岗位；确定需求管理总负责人、成员及其责任和权限；确定相关人员理解分配给他们的责任和权限并且接受任务。

（2）需求管理所需资源。根据项目的规模和财力，确定应使用何种需求管理工具。

（3）培训计划。由于需求管理是要求规范性的管理工作，需要有针对性的培训才能统一项目团队成员的认识，规范成员的行动。

（4）项目干系人参与需求管理的策略。应明确与需求管理有关的项目干系人名单以及各干系人介入需求管理的时机，以便按照计划参与需求管理活动。

（5）判断项目范围与需求不一致的准则和纠正规程。当项目的实际工作偏离需求时，变更控制系统应该按照既定的规程判断、分析偏差，并采取相应的纠正措施。

（6）需求跟踪结构。该规程包括建立何种程度的需求跟踪矩阵，哪些需求跟踪信息应该被收集和整理，采用何种需求管理工具等。

(7) 配置管理活动。在空间信息系统项目生命周期中,需求变更十分频繁,为了保证项目的顺利实施和产品的质量,需求的变更应该受到严格的控制。

3. 需求跟踪

需求跟踪是重要的项目需求管理方法,这种方法为项目组织提供了在投资方需求、需求规格说明书、项目产品之间保持一致性的能力。需求跟踪可以改善产品的质量,降低维护成本,而且能提高需求定义、项目产品构件的可重用性。

跟踪需求的过程主要包括以下内容:

(1) 从需求到业务需要、机会、目的和目标;

(2) 从需求到项目目标;

(3) 从需求到项目范围(WBS)中的可交付成果;

(4) 从需求到产品设计;

(5) 从需求到产品开发;

(6) 从需求到测试策略和测试脚本;

(7) 从宏观需求到详细需求。

在空间信息系统项目中,需求变更是不可避免的,如何以可控的方式管理软件的需求,对于项目的顺利进行有着重要的意义。对于需求变更的管理,则主要使用需求变更流程和需求跟踪矩阵的管理方式。

6.1.2 定义范围

定义范围是制定项目和产品详细描述的过程,其输出是项目范围说明书。项目管理团队应该根据项目启动过程中记载的主要可交付成果、假设条件和制约因素来编制项目范围说明书。

1. 可交付成果

需要将项目的主要工作在可交付成果中列出,该列表应该考虑到所有项目干系人,通常用户是最重要的可交付成果接收人。对于传统项目,该列表应该覆盖95%以上的可交付成果,但对于空间信息系统项目,通常会涉及一些新的技术或方法,这个比例可能会降低。

形成项目主要可交付成果的方法有很多,现就常用的一种作简要阐述:

1) 收集项目干系人的愿望和期望

这个过程通常需要比较长的时间,这也是空间信息系统中许多开发人员不愿意做的事情。开发人员往往习惯于同机器和编程语言打交道,而不擅长和人交流。虽然这个过程有些难度,但是了解客户需要是项目范围管理的第一步,非常重要。对于小型的项目,可以通过所有项目干系人的会议来进行审查工作;对于大型项目,则由专业的人员代表不同的项目干系人组成审查委员会来进行排除和审查。

其中,行业专家的意见非常重要。行业专家了解整个行业的流程和业务,可以站在全局的角度分析问题。

2)形成需求

项目团队对需要进行的工作清单中的条目进行调查,所有在这个阶段被排除的条目必须有详细的说明,那些留下来的条目列表被称为需求。

3)形成可交付成果

出于时间、资金、人员等限制,需求中的条目也有可能被排除。需求中留下来的条目即为可交付成果。

主要的可交付成果确定后,以后所需要进行的变更必须有正式的许可,并且需要考虑变更给项目完成的时间、费用和资源使用带来的影响。

2. 项目范围说明书

项目范围说明书详细描述了项目的可交付成果,以及为提交这些可交付成果而必须开展的工作。

详细的项目范围说明书包括以下内容:

(1)产品范围描述:逐步细化在项目章程和需求文件中所述的产品、服务或成果的特征。

(2)产品验收标准:定义已完成的产品、服务或成果的验收过程和标准。

(3)项目可交付成果:既包括组成项目产品或服务的各种结果,也包括项目管理报告等各种辅助成果。

(4)项目的除外责任:明确说明哪些内容不属于项目范围,是被排除在项目之外的。

(5)项目制约因素:列出并说明与项目范围有关,且限制项目团队选择的具体项目制约因素。

(6)项目假设条件:列出并说明与项目范围有关的具体项目假设条件,以防万一不成立可能造成的后果。在项目规划过程中,项目团队应该经常识别、记录并验证假设条件。

6.1.3 创建 WBS

创建 WBS 是将项目可交付成果和项目工作分解成较小的、更易于管理的组成部分的过程。WBS 是以可交付成果为导向的工作层级分解,其分解的对象是项目团队为实现项目目标、提交所需可交付成果而实施的工作。WBS 每下降一个层次就意味着对项目工作更详尽的定义。

1. WBS 的层次

WBS 将项目整体或者主要的可交付成果分解成容易管理、方便控制的若干个子项目或者工作包，子项目需要继续分解为工作包，持续这个过程，直到整个项目都分解为可管理的工作包，这些工作包的总和是项目的所有工作范围。

在每个分解单元中都存在可交付成果和里程碑，里程碑标志着某个可交付成果或者阶段的正式完成。最底层的工作单元称为工作包，工作包应该非常具体，以便承担者能够明确自己的任务、努力的目标和承担的责任。作为一种经验法则，8/80 规则建议工作包应至少需要 8 小时完成，而总完成时间不应该大于 80 小时。因此，对于小的项目，可以考虑将 WBS 分解到每一天的工作；而对于大型项目，可分解到周。

2. WBS 分解

创建 WBS 可以使用白板、草图或者项目管理软件。在实践中，分解 WBS 并非按照一种方式进行，空间信息系统项目常用的方式是将总的系统划分为几个主要的子系统，然后对每个子系统再进行分解。

具体的分解工作如下：

(1) 判断为了交付可交付成果需要进行的工作；

(2) 确定 WBS 的结构和编排；

(3) 将 WBS 从上层向下层分解；

(4) 为每个部分标识编码；

(5) 审核 WBS 的每个部分是否必要和足够。

项目分解结构不是某个项目成员的责任，应该由全体项目团队成员、用户和项目干系人共同完成并一致确认。方法有参照样本、问卷调查、个别了解和开小组会等。

6.1.4 核实范围

核实范围是正式验收项目已完成的可交付成果的过程。核实范围包括与客户或发起人一起审查可交付成果，确保可交付成果已圆满完成，并获得客户或发起人的正式验收。

核实范围应该贯穿项目的始终，其一般步骤包括：

(1) 确定需要进行范围核实的时间；

(2) 识别范围核实需要哪些投入；

(3) 确定范围正式被接受的标准和要素；

(4) 确定范围核实会议的组织步骤；

(5) 组织范围核实会议。

通常，在核实范围前，项目团队需要先进行质量控制工作，以确保核实工作的顺利完成。

6.1.5 控制范围

控制范围是监督项目和产品的范围状态、管理范围基准变更的过程。对项目范围进行控制，就必须确保所有请求的变更、推荐的纠正措施或预防措施都经过实施整体变更控制过程的处理。在变更实际发生时，也要采用范围控制过程来管理这些变更。未得到控制的变更通常被称为项目范围蔓延。

范围变更控制的主要工作如下：

(1) 判断影响导致范围变更的因素，并尽量使这些因素向有利的方面发展；

(2) 判断范围变更是否已经发生；

(3) 范围变更发生时管理实际的变更，确保所有被请求的变更按照项目整体变更控制过程处理。

6.2 案例分析

BL遥感信息技术有限公司中标了西南某省水文旱情遥感监测系统的开发项目，在项目实施过程中，系统需求似乎永远无法确定，用户说不清楚自己的需求，怎么做他们都不满意，功能不断增加，结果让系统开发人员无所适从。该项目已经进行了两年多，项目何时结束还处于不明确的状态。公司针对目前出现的局面，派出项目管理专家胡工负责项目组的管理工作。胡工通过对项目文档进行仔细分析，并与公司相关人员沟通，了解到这个项目一开始就没有明确界定整个项目的范围，且没有一套完善的变更控制管理流程，任由用户怎么说就怎么做，导致整个项目成了一个“烂摊子”。要使项目回到正常轨道上来，胡工应该怎么做呢?

从案例反映出的问题上看，软件开发人员没有认识到项目范围控制的重要性，没有弄清系统目标和系统功能的区别，没有在项目启动前把项目范围建立起来。明确项目范围是有效管理需求变更的唯一方法。有明确的项目范围，才能够学习及分析项目范围内的业务流程，建立系统的功能需求。项目范围不是由客户或用户提供，而是依据要开发的项目目标和项目最终交付成果制定出的。

为了使项目回到正常轨道，胡工应从以下几个方面着手处理：

(1) 分析、提取项目需求，对项目应该包括什么和不应该包括什么进行相应的定义和控制；

(2) 与客户进行沟通，经过双方同意后签订需求建议书；

(3) 确定项目的范围，根据需求的定义，将项目范围分解为面向产品或服

务的层次结果;

(4) 建立完善的变更控制体系和流程,严格项目范围变更。

6.3 实践应用

某中心卫星应用综合信息集成服务平台项目的范围管理

2014 年 9 月,MC 信息技术有限公司承接了某中心卫星应用综合信息集成服务平台建设项目。卫星应用综合信息共享服务平台总体框架以卫星产品行业标准规范体系、应用开发集成规范体系及安全综合管理体系为体系结构,以安全可扩展的私有云基础设施资源为保障,充分整合卫星数据、矢量数据、媒体资料及业务应用数据等各类的卫星综合产品与系统功能资源,为管理者提供卫星数据综合管理服务(标准化入库、数据发布、共享下载等)、为专业用户提供卫星应用系统与工作流构建管理服务,普通行业用户通过卫星应用综合信息共享服务门户在线使用数据服务、生产服务及系统超市服务。

由于该项目是一个周期较长、规模较大、技术难度高、沟通协作复杂的大型项目,因此,如何进行有效的项目管理特别是正确的项目范围管理,成为了项目取得成功至关重要的前提和基础。

项目范围管理是项目管理的基础,范围管理不成功,其他管理便无从谈起。范围发生变更,进度、成本、质量乃至人力资源都有可能跟着变更,只有确定了项目范围,才能合理地确定出项目的进度、成本和质量要求。从这个意义上说,项目范围的确定及管理是项目成功的基础。不正确的范围定义或不合理的范围控制会导致很多不必要的变更,使项目无法按期完成,项目质量难以保证。项目范围管理一般包括收集需求、定义范围、创建 WBS 结构、核实范围和范围控制 5 个流程。其中,准确的需求分析和定位是基础,科学的项目范围定义是核心,严格有效的范围变更控制是关键,三者是一个有机的统一体,缺一不可。

为了更好地管理该项目的范围,MC 公司采取了多方面的措施和方法。

1. 收集需求,编制范围计划

项目范围管理首要关注的是定义和控制哪些工作包括在项目中,哪些工作不包括在项目中,并确保只完成那些需要完成的工作。

在了解项目初步范围的基础上,项目经理组织项目组成员编制了一份初步的《项目范围管理计划》。为了进一步明确项目的范围,项目组通过调查表对收集的信息进行了整理分析,对不明确和有异议的问题、需求,在调研工作会议上进行讨论。同时,项目组采用静态原型系统展示的方法,及时获得了需求的反馈。通过多次“系统体验—反馈信息—原型改进”的循环过程,项目组收集了足够的需求信息整理成了《需求调研记录》。根据项目的《可行性研究报告》《立项报告》编制了最终的《项目范围管理计划》,从而顺利地进入了系统设计实施阶段。

2. 定义范围,创建 WBS

为了避免项目实施中对项目范围的定义、隐含的工作需求审视角度的差异,项目组的一个工作重点就是项目范围的准确定义以及 WBS 分解。

根据项目的《可行性研究报告》《立项报告》《需求调研记录》,项目组按照《项目范围说明书模板》编写了《项目范围说明书》,明确了项目可交付成果及考核指标、验收标准等内容。WBS 分解作为项目范围管理的难点之一,项目经理通过召开会议的形式,深入讨论了 WBS 分解工作。首先,项目经理将可交付成果分为软件系统、硬件系统、管理文档、技术报告、知识产权等五大类,然后再逐层将这五大类成果分解为软件子系统、硬件子系统、各领域管理文档、分技术报告和软件著作权、专利、论文等,直到只有单一成果的工作包层,结合各成果物的考核指标建立了可量化、可验证和可测试的项目可交付成果组合架构,并明确了各工作包的相关单位和具体责任人。

3. 规范变更管理,加强范围控制

在项目的执行过程中,随着对系统应用认识的提高,需求变更不可避免。因此,项目组预先建立了一套规范的变更管理体系和变更控制流程,并使用配置管理系统完整地记录了变更,在发生变更时遵循规范的变更程序来管理变更。

项目组成立了变更控制委员会,该委员会拥有最终批准或否决变更请求的权利。所有的变更请求都以书面的方式提出,并认真评估了变更的性质、变更对项目价值的影响、变更给项目带来的风险以及对进度、成本的影响。批准的变更由项目各方正式签署,成为项目下一步范围、进度、成本控制的基础。

同时,项目经理采用了 AHP(层次分析法)来确认哪些变更应该被批准、哪些应该被拒绝。将所有的变更请求进行排序,然后在项目预算范围内,批准那些得分最高的变更,以保证全面考虑各方面的意见,并取得最佳结果。此外,在项目实施过程中,通过召开月例会的方式来监控变更,并要求项目成员每月提交工作进展报告,建立奖惩制度来考核成员的绩效信息,以此确保项目可交付成果的按时提交。

通过有效的范围管理,该项目于 2015 年 10 月完成了软/硬件系统的开发和集成工作,并在某中心完成了系统部署,于 2015 年 12 月顺利通过某中心的验收。该系统已经正式上线并运行了一年多时间,取得了良好的效果。

第7章　空间信息系统项目时间管理

7.1　空间信息系统项目时间管理理论

在给定的时间完成项目是项目的重要约束性目标，能否按照进度交付成果物是衡量项目是否成功的重要标志。因此，对项目的时间管理是项目管理的首要内容。同时，由于空间信息系统的技术含量高、创新性强、项目不确定性大，控制进度也是空间信息系统项目的难点。

项目的时间管理包括6个管理过程，分别为定义活动、排列活动顺序、估算活动资源、估算活动持续时间、进度计划的制定、控制进度，如表7-1所列。以上过程彼此相互影响，同时也与外界的过程交互影响。基于项目的需要，每一过程都涉及一人、多人或者多个小组的努力。每一过程在每一项目中至少出现一次。如果这个项目被划分成几个阶段，每一过程会在一个或多个项目阶段出现。虽然这几个过程在这里作为界限分明的独立过程，但在实践中，它们也许是重叠和相互影响的。

表7-1　项目时间管理知识体系

管理过程	输　入	工具和技术	输　出
定义活动	范围基准 企业环境因素 组织过程资产	分解 滚动式规划 模板 专家判断	活动清单 活动属性 里程碑清单
排列活动顺序	活动清单 活动属性 里程碑清单 项目范围说明书 组织过程资产	紧前关系绘图法 确定依赖关系 利用时间提前量与滞后量 进度网络模板	项目进度网络图 项目文件(更新)
估算活动资源	活动清单 活动属性 资源日历 企业环境因素 组织过程资产	专家判断 备选方案分析 初步的估算数据 自下而上估算 项目管理软件	活动资源需求 资源分解结构 项目文件(更新)

（续）

管理过程	输　入	工具和技术	输　出
估算活动持续时间	活动清单 活动属性 活动资源需求 资源日历 项目范围说明书 企业环境因素 组织过程资产	专家判断 类比估算 参数估算 三点估算 储备分析	活动持续时间估算 项目文件(更新)
制定进度计划	活动清单 活动属性 项目进度网络图 活动资源需求 资源日历 活动持续时间估算 项目范围说明书 企业环境因素 组织过程资产	进度网络分析 关键路径法 关键链法 资源平衡 假设情景分析 利用时间提前量与滞后量 进度压缩 制定进度计划工具	项目进度计划 进度基准 进度数据 项目文件(更新)
控制进度	项目管理计划 项目进度计划 工作绩效信息 组织过程资产	绩效审查 偏差分析 项目管理软件 资源平衡 假设情景分析 调整时间提前量与滞后量 进度压缩 制定进度计划工具	工作绩效测量结果 组织过程资产(更新) 变更请求 项目管理计划(更新) 项目文件(更新)

7.1.1 定义活动

工作分解结构的最底层是工作包，工作包通常还应进一步细分为更小的组成部分，即活动。活动是实施项目时安排工作的最基本的工作单元。定义活动就是识别为完成项目可交付成果而需采取的具体行动的过程。

活动定义除识别出项目的所有活动外，还要对这些活动的名称、前序活动、后继活动、资源要求、是否有强制日期等进一步定义，最后把所有活动归档到活动清单中。定义这些活动的最终目的是为了完成项目的目标。活动定义后得到的活动，为进度安排、成本估算、项目执行、项目监控和控制提供了基础。

定义活动的主要工具和技术有分解、模板、滚动式规划和专家判断等。定义活动过程的结果主要是活动清单、活动属性和里程碑清单。

7.1.2 排列活动顺序

在空间信息系统项目中,一个活动的执行可能需要依赖于另外一些活动的完成,这就是活动的先后依赖关系。通常来说,依赖关系的确定应首先分析活动本身之间存在的逻辑关系,在此逻辑关系确定的基础上再加以充分分析,以确定各活动之间的组织关系,这就是排列活动顺序。

排列活动顺序是识别和记录项目活动间逻辑关系的过程。除了首尾两项外,每项活动和每个里程碑都至少有一项紧前活动和一项紧后活动,且为了使项目计划现实、可行,还需要在活动间加入时间提前量或滞后量。

活动排序主要使用的方法和技术简要介绍如下:

1. 前导图法

前导图法(Precedence Diagramming Method,PDM)用于关键路径法(Critical Path Method,CPM),也被称作单代号网络图法(Active On the Node,AON),是一种用于编制项目进度网络图的方法,它使用方框或者长方形(被称作节点)代表活动,并用表示依赖关系的箭线将节点连接起来。每项活动有唯一的活动号,并注明了预计工期。每个节点的活动有最早开始时间(ES)、最迟开始时间(LS)、最早结束时间(EF)和最迟结束时间(LF)。这种方法为大多数项目管理软件所采用。

前导图法包括活动之间存在4种类型的依赖关系:

(1) 结束对开始(FS):前序活动结束后,后续活动才能开始;

(2) 结束对结束(FF):前序活动结束后,后续活动才能结束;

(3) 开始对开始(SS):前序括动开始后,后续活动才能开始;

(4) 开始对结束(SF):前序活动开始后,后续活动才能结束。

在PDM中,结束对开始的关系是最普遍使用的一类依赖关系,而开始对结束的关系很少被使用。

2. 箭线图法

与前导图法不同,箭线图法(Arrow Diagramming Method,ADM)是一种用箭线表示活动、节点表示事件的网络图绘制方法,这种方法又称为双代号网络图法(Active On the Aitow,AOA)。在箭线表示法中,给每个事件而不是每项活动指定一个唯一的代号。活动的开始(箭尾)事件称为该活动的紧前事件(precede event),活动的结束(箭头)事件称为该活动的紧随事件(successor event)。

在箭线表示法中,有如下三个基本原则:

(1) 网络图中每一事件必须有唯一的一个代号,即网络图中不会有相同的代号;

(2) 任两项活动的紧前事件和紧随事件代号至少有一个不相同，节点代号沿箭线方向越来越大；

(3) 流入(流出)同一节点的括动，均有共同的后继活动(或前序活动)。

为了绘图的方便，人们引入了一种额外的、特殊的活动，叫做虚活动(dummy activity)。它不消耗时间和资源，在网络图中由一个虚箭线表示。借助虚活动，我们可以更好地、更清楚地表达活动之间的关系。

3. 进度计划网络模板

在编制项目计划活动网络时，可以利用标准化的项目进度网络图以减少工作并加快速度。这些标准网络图可以包括整个项目或仅仅其中一部分。项目进度网络图的一部分往往称为子网络(subnetwork)或者网络片断。当项目包括若干相同或者几乎相同的可交付成果时，子网络就特别有用。

4. 确定依赖关系

活动之间的先后顺序称为依赖关系，在确定活动之间的先后顺序时有三种依赖关系：

(1) 强制性依赖关系：又称硬逻辑关系，指工作性质所固有的依赖关系，这种关系是活动之间本身存在的、无法改变的逻辑关系；

(2) 可自由处理的依赖关系：又称为优先选用逻辑关系、优先逻辑关系或者软逻辑关系，这是人为组织确定后的一种先后关系；

(3) 外部依赖关系：指涉及项目活动和非项目活动之间关系的依赖关系。

5. 提前、滞后

项目管理团队要确定可能要求加入时间提前量与滞后量的依赖关系，以便准确地确定逻辑关系。时间提前量与滞后量以及有关的假设要形成文件。利用时间提前量可以提前开始后继活动。利用时间滞后量可以推迟后继活动。

7.1.3 活动估算

排列活动顺序之后的一个管理过程是活动估算，包括估算活动资源和活动持续时间。估算活动资源包括决定需要什么资源和每一样资源的数量，以及什么时候使用资源来有效地执行项目活动。估算活动持续时间是根据资源估算的结果，估算完成单项活动所需工作时段数的过程。需要依据活动工作范围、所需资源类型、所需资源数量以及资源日历等进行活动持续时间估算。

活动估算所采用的方法和技术有以下几种：

1. 德尔菲法

德尔菲法是最流行的专家评估技术，该方法结合了专家判断法和三点估算法，在没有历史数据的情况下，这种方式适用于评定过去与将来、新技术与特定程序之间的差别。

德尔菲法的不足之处在于易受专家主观意识和思维局限影响，但对减少数据中人为的偏见、防止任何人对结果不适当地产生过大的影响尤其有用。

2. 类比估算法

类比估算法适合评估一些与历史项目在应用领域、环境和复杂度等方面相似的项目，通过新项目与历史项目的比较得到规模估计。由于类比估算法估计结果的精确度取决于历史项目数据的完整性和准确度，因此，用好类比估算法的前提条件之一是组织建立起较好的项目后评价与分析机制，对历史项目的数据分析是可信赖的。

3. 功能点估算法

功能点估算法是软件项目中常用的一种估算方法，是在需求分析阶段基于系统功能的一种规模估计方法。通过研究初始应用需求来确定各种输入、输出，计算数据库需求的数量和特性。

4. 储备分析

在进行持续时间估算时，需要考虑应急储备，并将其纳入项目进度计划中，用来应对进度方面的不确定性。随着项目信息越来越明确，可以动用、减少或取消应急储备。

7.1.4 制定进度计划

制定进度计划是分析活动顺序、持续时间、资源需求和进度约束，编制项目进度计划的过程。编制可行的项目进度计划往往是一个反复进行的过程。这一过程旨在确定项目活动的计划开始日期与计划完成日期，并确定相应的里程碑。

在编制进度计划过程中，需要审查和修正持续时间估算和资源估算，以便制定出有效的进度计划。在得到批准后，该进度计划即称为基准，用来跟踪项目绩效。随着工作的推进、项目管理计划的变更以及风险性质的演变，应该在整个项目期间持续修订进度计划，以确保进度计划始终现实可行。

制定进度计划采用的方法和技术主要有以下几种：

1. 进度网络分析

进度网络分析是提出及确定项目进度表的一种技术。进度网络分析使用一种进度模型和多种分析技术，如采用关键路线法、局面应对分析资源平衡来计算最早、最迟开始和完成日期以及项目计划活动未完成部分的计划开始与计划完成日期。如果模型中使用的进度网络图含有任何网络回路或网络开口，则需要对其加以调整，然后再选用上述分析技术。某些网络路线可能含有路径会聚或分支点，在进行进度压缩分析或其他分析时可以识别出来并可加以利用。

2. 关键路线法

关键路线法是利用进度模型时使用的一种进度网络分析技术。关键路线法沿着项目进度网络路线进行正向与反向分析,从而计算出所有计划活动理论上的最早开始与完成日期、最迟开始与完成日期,不考虑任何资源限制。由此计算而得到的最早开始与完成日期、最迟开始与完成日期不一定是项目的进度表,它们只不过指明计划活动在给定的活动持续时间、逻辑关系、时间提前与滞后量,以及其他已知制约条件下应当安排的时间段与长短。

由于构成进度灵活余地的总时差可能为正、负或零值,最早开始与完成日期、最迟开始与完成日期的计算值可能在所有的路线上都相同,也可能不同。在任何网络路线上,进度余地的大小由最早与最迟日期两者之间正的差值决定,该差值叫做“总时差”。关键路线有零或负值总时差,在关键路线上的计划活动叫做“关键活动”。为了使路线总时差为零或正值,有必要调整活动持续时间、逻辑关系、时间提前与滞后量或其他进度制约因素。一旦路线总时差为零或正值,则还能确定自由时差。自由时差就是在不延误同一网络路线上任何直接后继活动最早开始时间的条件下,计划活动可以推迟的时间长短。

3. 进度压缩

进度压缩指在不改变项目范围、进度制约条件、强加日期或其他进度目标的前提下缩短项目的进度时间。进度压缩的技术有赶进度和快速跟进两种。赶进度是对费用和进度进行权衡,确定如何在尽量少增加费用的前提下最大限度地缩短项目所需时间,赶进度并非总能产生可行的方案,反而常常增加费用。快速跟进通常同时进行按先后顺序的阶段或活动。

4. 假设情景分析

假设情景分析就是对“情景 X 出现时应当如何处理”这样的问题进行分析。假设情景分析的结果可用于估计项目进度计划在不利条件下的可行性,用于编制克服或减轻由于出乎意料的局面造成的后果的应急和应对计划。模拟指对活动做出多种假设,计算项目多种持续时间。最常用的技术是蒙特卡罗分析,这种分析为每一计划活动确定一种活动持续时间概率分布,然后利用这些分布计算出整个项目持续时间可能结果的概率分布。

5. 资源平衡

资源平衡是一种进度网络分析技术,用于已经利用关键路线法分析过的进度模型之中。资源平衡的用途是调整时间安排需要满足规定交工日期的计划活动,处理只有在某些时间才能动用或只能动用有限数量的必要的共用或关键资源的局面,或者用于在项目工作具体时间段按照某种水平均匀地使用选定资源。这种均匀使用资源的办法可能会改变原来的关键路线。

关键路线法的计算结果是初步的最早开始与完成日期、最迟开始与完成日期进度表,这种进度表在某些时间段要求使用的资源可能比实际可供使用的数量多,或者要求改变资源水平,或者对资源水平改变的要求超出了项目团队的管理能力。将稀缺资源首先分配给关键路线土的活动,这种做法可以用来制定反映上述制约因素的项目进度表。

资源平衡的结果经常是项目的预计持续时间比初步项目进度表长。这种技术有时候叫做"资源决定法",当利用进度优化项目管理软件进行资源平衡时尤其如此。将资源从非关键活动重新分配到关键活动的做法,是使项目自始至终尽可能接近原来为其设定的整体持续时间而经常采用的方式。也可以考虑根据不同的资源日历,利用延长工作时间、周末或选定资源多班次工作的办法,缩短关键活动的持续时间。提高资源生产率是另外一种缩短延长项目初步进度时间的持续时间的办法。某些项目可能拥有数量有限但关键的项目资源,遇到这种情况,资源可以从项目的结束日期开始反向安排,这种做法叫做按资源分配倒排进度法,但不一定能制定出最优项目进度表。资源平衡技术提出的资源限制进度表,有时候叫做资源制约进度表,开始日期与完成日期都是计划开始日期与计划完成日期。

6. 关键链法

关键链法是另一种进度网络分析技术,可以根据有限的资源对项目进度表进行调整。关键链法结合了确定性与随机性办法。开始时,利用进度模型中活动持续时间的非保守估算,根据给定的依赖关系与制约条件来绘制项目进度网络图,然后计算关键路线。在确定关键路线之后,将资源的有无与多寡情况考虑进去,确定资源制约进度表。这种资源制约进度表经常改变了关键路线。

为了保证活动计划持续时间的重点,关键链法添加了持续时间缓冲段,这些持续时间缓冲段属于非工作计划活动。一旦确定了缓冲计划活动,就按照最迟开始与最迟完成日期安排计划活动。这样一来,关键链法就不再管理网络路线的总时差,而是集中注意力管理缓冲活动持续时间和用于计划活动的资源。

7. 项目管理软件

项目管理进度安排软件已经成为普遍应用的进度表制定手段。其他软件也许能够直接或间接地同项目管理软件配合起来,体现其他知识领域的要求,如根据时间段进行费用估算,定量风险分析中的进度模拟。这些产品自动进行正向与反向关键路线分析和资源平衡的数学计算,这样一来,就能够迅速地考虑许多种进度安排方案。它们还广泛地用于打印或显示制定完备的进度表成果。

8. 应用日历

项目日历和资源日历标明了工作的时间段。项目日历影响到所有的活动。资源日历影响到某种具体资源或资源种类。资源日历反映了某些资源是如何只能在正常营业时间工作的,而另外一些资源分三班整天工作,或者项目团队成员正在休假或参加培训而无法调用,或者某一劳动合同限制某些工人一个星期工作的天数。

9. 调整时间提前与滞后量

提前与滞后时间量使用不当会造成项目进度表不合理,在进度网络分析过程中调整提前与滞后时间量,以便提出合理、可行的项目进度表。

10. 进度模型

进度数据和信息经过整理,用于项目进度模型之中。在进行进度网络分析和制定项目进度表时,将进度模型工具与相应的进度模型数据同手工方法或项目管理软件结合在一起使用。

7.1.5 控制进度

进度控制是监控项目的状态以便采取相应措施以及管理进度变更的过程。进度控制关注如下内容:

(1) 确定项目进度的当前状态;

(2) 对引起进度变更的因素施加影响,以保证这种变化朝着有利的方向发展;

(3) 确定项目进度已经变更;

(4) 当变更发生时管理实际的变更,进度控制是整体变更控制过程的一个组成部分。

项目进度控制是依据项目进度基准计划对项目的实际进度进行监控,使项目能够按时完成。有效项目进度控制的关键是监控项目的实际进度,及时、定期地将它与计划进度进行比较,并立即采取必要的纠正措施。项目进度控制必须与其他变化控制过程紧密结合,并且贯穿于项目的始终。当项目的实际进度滞后于计划进度时,首先发现问题、分析问题根源并找出妥善的解决办法。

通常可用以下一些方法缩短活动的工期:

(1) 投入更多的资源以加速活动进程;

(2) 指派经验更丰富的人去完成或帮助完成项目工作;

(3) 减小活动范围或降低活动要求;

(4) 通过改进方法或技术提高生产效率。

对进度的控制,还应当重点关注项目进展报告和执行状况报告,它们反映了项目当前在进度、费用、质量等方面的执行情况和实施情况,是进行进度控制的重要依据。

项目进度控制的主要技术和工具如下:

(1) 进度报告。进度报告及当前进度状态包括如下一些信息,如实际开始与完成日期,以及未完计划活动的剩余持续时间。如果还使用了实现价值这样的绩效测量,则也可能含有正在进行的计划活动的完成百分比。为了便于定期报告项目的进度,组织内参与项目的各个单位可以在项目生命期内自始至终使用统一的模板。模板可以用纸,亦可用计算机文件。

(2) 进度变更控制系统。进度变更控制系统规定项目进度变更所应遵循的手续,包括书面申请、追踪系统以及核准变更的审批级别。进度变更控制系统的功能属于整体变更控制过程的一部分。

(3) 绩效衡量。绩效衡量技术的结果是进度偏差(SV)与进度效果指数(SPI)。进度偏差与进度效果指数用于估计实际发生任何项目进度偏差的大小。进度控制的一个重要作用是判断已发生的进度偏差是否需要采取纠正措施。例如,非关键路径计划活动的重大延误对项目总体进度可能影响甚微,而关键路径或接近关键路径上的一个短得多的延误,却有可能要求立即采取行动。

(4) 项目管理软件。用于制定进度表的项目管理软件能够追踪与比较计划日期与实际日期,预测实际或潜在的项目进度变更所带来的后果,因此是进度控制的有用工具。

(5) 偏差分析。在进度监视过程中,进行偏差分析是进度控制的一个关键职能。将目标进度日期同实际或预测的开始与完成日期进行比较,可以获得发现偏差以及在出现延误时采取纠正措施所需的信息。在评价项目进度绩效时,总时差也是分析项目时间实施效果的一个必不可少的规划组成部分。

(6) 进度比较横道图。为了节省分析时间进度的时间,使用比较横道图很方便,图中每一计划活动都画两条横道。一条表示当前实际状态,另一条表示经过批准的项目进度基准状态。此法直观地显示出何处绩效符合计划,何处已经延误。

(7) 资源平衡。资源平衡用来在资源之间均匀地分配工作。

(8) 假设条件情景分析。假设情景分析用来评审各种可能的情景,以使实际进度跟上项目计划。

(9) 进度压缩。进度压缩技术用来找出后继项目活动能跟上项目计划的各种方法。

(10) 制定进度的工具。可以更新进度数据,并把进度数据汇总到进度计划中,从而反映项目的实际进展以及待完成的剩余工作。综合运用制定进度的工具、进度数据、手工方法、项目管理软件。

7.2 案例分析

L 信息技术有限公司在小型工矿企业有成功实施信息化管理项目的经验,该公司去年承接了东南某钢厂综合管网地理信息系统建设的项目,该钢厂是一家大型企业,下属分部十几家,业务流程复杂。

刘经理是L公司的项目经理,全面负责管理这个项目,这也是他第一次管理大型项目。钢厂信息中心的沈工作为甲方项目经理负责实施配合。由于涉及分部较多,从下属分部抽调了生产调度人员、计划统计人员、计量人员、信息中心技术骨干等组成了项目小组。刘经理带领的乙方项目组成员均为业务顾问,资深顾问安排到了业务最复杂的生产系统部,其他业务顾问水平参差不齐。开发部设在L公司总部,项目顾问均在钢厂提供的现场(某宾馆)集中办公,刘经理负责与钢厂沟通,从总体上管理项目。

项目在8月初启动,计划于次年1月中旬正式上线。刘经理根据之前的经验制定了项目开发计划,收集各分部的用户需求。初期较为顺利,但后来却发生了一系列的问题。由于之前的系统只适用于单纯的信息化管理业务,而现在的业务在软件系统中并没有合适的模型,钢厂规模很大,许多业务并不是直线式的,而是一种网状的关系,因此需要大量的时间修改模型,而刘经理的项目计划中并没有模型修改计划,业务需求分析占用了很多时间。刘经理将这些新增需求提交给开发部抓紧开发,而同时甲方的部分业务人员却无事可做,许多时间消耗在上网或打游戏上。

当开发部将软件开发完时已经进入了12月,项目进度已经远远落后于刘经理当初的计划。一方面,刘经理要求各分部小组对各自的模块进行测试,同时安排各小组的信息人员进行报表开发。信息人员认为以现在的可用时间开发这么多报表肯定完不成任务,而统计人员发现软件系统根本不能满足业务的需求。项目的进展进入混乱状态。根据实际情况,刘经理在用户同意的情况下将系统的投用时间重新设在1月底。为了完成这个目标,刘经理要求各项目小组从12月中旬开始周末和晚上必须加班,导致项目组成员怨声载道,甚至开始有人跳槽离职。刘经理受到了公司的批评,以项目目前的状态,1月底根本无法完成项目,具体什么时间能完成,刘经理自己也感觉遥遥无期。

从时间管理的角度,项目进度失控可能的原因有哪些?刘经理下一步应该怎么做才能完成项目?

从这个案例中可以看到一个混乱的项目局面,项目组成员某个时间段清闲,某个时间段任务量又很大。项目组由甲乙双方组成,成员之间不信任,进度计划一再修改。刘经理第一次管理大型项目,缺少经验,不能指挥项目组,对项目组成员失去了控制,对进度也无法控制,交付日期一拖再拖。

造成进度失控的原因是多方面的,可以按照时间管理的各个过程来梳理问题,也可以分析案例场景从中找出项目的混乱因素和进度失控的原因。本案例中进度失控的原因有以下几方面:

(1) 刘经理缺少管理大型项目的经验,制定的进度计划有问题;

（2）刘经理对某些活动的历时估算有问题；

（3）甲乙双方没有明确的分工，缺少沟通；

（4）没有变更控制系统或规范的变更控制流程；

（5）对项目的各阶段没有明确的划分，也没有经过评审就进入下一阶段；

（6）在赶工时，加班过度降低了工作效率；

（7）缺少激励措施，没有考虑人员的流动；

（8）缺少对进度的监控机制，没有确定各任务之间的依赖关系，对各项任务的先后顺序安排可能出现了错误。

针对项目中出现的问题，刘经理应该采取以下积极措施来完成项目：

（1）刘经理、沈工和项目组一起重新制定一个合理的进度计划；

（2）重新核实各活动的历时估算；

（3）重新和用户一起梳理业务需求，确保理解的一致性；

（4）对甲乙双方进行明确的分工，分清职责；

（5）制定规范的变更控制流程；

（6）明确划分项目的每个阶段，制定评审标准；

（7）合理赶工，如果需要，可以缩小范围，先保证核心工作的完成；

（8）制定积极的绩效考核制度，减少人员的流动；

（9）重新梳理各任务间的依赖关系，确保网络图能反映真实情况，加强对进度的监控。

7.3 实践应用

西北某市公安局警用地理信息系统项目的进度管理

警用地理信息平台（以下简称“PGIS”）是金盾二期三大高端应用平台之一，具有业务信息“一张图”可视化集成展示和空间决策分析方面的优势，是进一步拉动公安信息资源整合与共享，深入推进公安基础信息化、警务实战化的重要载体。为了促进公安基础信息化、警务实战化，西北某市公安局于 2013 年 1 月启动了警用地理信息系统的建设，BR 地理信息技术有限公司中标了该项目。

该项目要求在公安部下发的 PGIS 软件支撑下结合 GIS 基础软件开发建设业务应用系统，并形成公安各业务部门基于 PGIS 的跨地区、跨警种的综合应用。项目要求于 2013 年 12 月完成验收，时间紧、任务重，有效的进度管理成为项目取得成功的决定因素。在保证项目可交付成果高质量完成的情况下，如果进度延误，将会增加人力、资源等成本的投入；如果严格控制项目成本，则项目成果的质量将大打折扣。

在项目团队全体同仁的共同努力下，项目组采取了一些积极的措施、方法，使项目的进度管理工作得以顺利开展。

1. 制定项目进度计划

在项目启动后，由 BR 公司牵头邀请了市公安局主管该项目的领导、行业专家以及项目实施三家单位的相关负责人、成员共同召开了项目启动大会。会上，相关领导一再强调，要在保证项目质量、严控项目成本的前提下确保项目如期完工。

合理的进度计划是项目顺利实施的基础，以项目的《可行性论证报告》和《立项报告》为依据，在《项目整体管理计划》的框架下，进行项目进度计划的编制。首先，参照 WBS 词典，将已识别出 WBS 中底层的可交付成果（工作包）分解为单项的活动，并组织专家进行评审，形成了活动清单。其次，组织项目组成员采用紧前关系绘图法、确定依赖关系、进度计划网络模板等工具和技术制定出项目的进度网络图，并采用自下而上估算法和三点估算法将活动资源估算和活动历时估算结合在一起进行。最后，采用蒙特卡罗分析技术对项目的总工期进行反复模拟，对不同方案下的关键路径进行比较，通过资源平衡和提前量与滞后量，确定了进度计划方案。经过专家评审和进一步修正完善，形成了最终的进度计划。此外，利用 Project 软件绘制了项目进度甘特图，作为项目进度基准。

2. 监控项目进度

为了避免实际进度偏离计划，项目经理采用了挣值分析的方法，同时用将日常监控和定期监控结合的方式来监控项目的进度。

对于公司内部的项目组成员，项目经理要求由项目小组负责人汇总该组当天的工作完成情况绘出跟踪甘特图，以邮件的形式发送给他，并于每周一召开一次周例会，跟踪项目进展情况。每月底，采取挣值技术（EVT），将 PV（计划值）、AC（实际值）、EV（挣值）绘制成“S 曲线”，进行项目偏差分析和趋势预测。在每个里程碑时点，项目组都会召开阶段评审会议，对阶段性成果和项目绩效进行评审。

3. 控制进度变更

由于该项目复杂程度较高、时间紧迫，项目变更在所难免，关键是管理好项目变更，尤其是进度变更。项目组预先建立了一套规范的变更管理体系和变更控制流程，成立了一个由项目实施各方单位领导参加的项目变更控制委员会，在发生变更时遵循规范的变更程序来管理变更。

通过有效的进度管理，项目于 2013 年 10 月完成了系统的开发和集成工作，成功部署到该市公安局，并于 2013 年 12 月顺利通过验收。该系统上线运行后效果良好，对于该市公安局信息化建设发挥了积极的作用。

第8章　空间信息系统项目成本管理

8.1　空间信息系统项目成本管理理论

空间信息系统项目效益的取得与项目成本的管理密切相关,不计成本的活动是没有发展前途的,不计成本的项目是没有生命力的。

在项目中,成本是指项目活动或其组成部分的货币价值或价格,包括为实施、完成或创造该活动或其组成部分所需资源的货币价值。项目成本管理通常称为"生命期成本计算"。生命期成本计算经常与价值工程技术结合使用,可降低成本,缩短时间,提高项目可交付成果的质量和绩效,并优化决策过程。在许多应用领域,对项目产品未来的财务绩效的预测与分析是在项目之外完成的。在另外一些领域(如基础设施项目),项目成本管理也包括此项工作。项目成本管理应当考虑项目干系人的信息需要,不同的项目干系人可能在不同的时间,以不同的方式测算项目的成本。

具体的项目成本管理要靠制定成本管理计划、成本估算、成本预算、成本控制等4个过程来完成,如表8-1所示。这些过程不仅彼此交互作用,而且还与其他知识领域的过程交互作用。根据项目的具体需要,每个过程都可能涉及一个或多个个人或集体所付出的努力。一般来说,每个过程在每个项目中至少出现一次。如果项目被分成几个阶段,则每个过程将在一个或多个项目阶段中出现。在实践中,它们可能交错重叠与相互作用。

表8-1　项目成本管理知识体系

管理过程	输　入	工具和技术	输　出
估算成本	范围基准 项目进度计划 人力资源计划 风险登记册 企业环境因素 组织过程资产	专家判断 类比估算 参数估算 自下而上估算 三点估算 储备分析 质量成本 项目管理估算软件 卖方投标分析	活动估算成本 估算依据 项目文件(更新)

（续）

管理过程	输 入	工具和技术	输 出
制定预算	活动估算成本 估算依据 范围基准 项目进度计划 资源日历 合同 组织过程资产	成本汇总 储备分析 专家判断 历史关系 资金限制平衡	成本绩效基准 项目资金需求 项目文件（更新）
控制成本	项目管理计划 项目资金需求 工作绩效信息 组织过程资产	挣值管理 预测 完工尚需绩效指数 绩效审查 偏差分析 项目管理软件	工作绩效测量结果 成本预测 组织过程资产（更新） 变更请求 项目管理计划（更新） 项目文件（更新）

8.1.1 基本概念

1. 全生命周期成本

全生命周期成本为认识和管理项目成本提供一个更为开阔的视野，不仅考虑项目全生命周期成本，也要考虑项目的最终产品的全生命周期成本，这有助于更精确地制定项目财务收益计划。产品的全生命周期成本就是在产品或系统的整个使用生命期内，在获得阶段（设计、生产、安装和测试等活动，即项目存续期间）、运营与维护及生命周期结束时对产品的处置所发生的全部成本。要求在项目过程中不只关心完成项目活动所需资源的成本，也应该考虑项目决策对项目最终产品使用和维护成本的影响。对于一个项目而言，产品的全生命期成本考虑的是权益总成本，即开发成本加上维护成本。

在项目决策阶段进行项目可行性研究是进行全生命周期成本的考虑，注重项目成本计划的作用和立足点。对于空间信息系统项目，特别要考虑全生命周期成本的计算，合理地分配项目各个阶段的成本。

2. 可变成本

随着生产量、工作量或时间而变的成本为可变成本。可变成本又称变动成本。

3. 固定成本

不随生产量、工作量或时间的变化而变化的非重复成本为固定成本。

4. 直接成本

直接可以归属于项目工作的成本为直接成本。

5. 间接成本

来自一般管理费用科目或几个项目共同担负的项目成本所分摊给本项目的费用,就形成了项目的间接成本,如税金、额外福利和保卫费用等。

6. 管理储备

管理储备是一个单列的计划出来的成本,以备未来不可预见的事件发生时使用。管理储备包含成本或进度储备,以降低偏离成本或进度目标的风险,管理储备的使用需要对项目基线进行变更。

7. 成本基准

经批准的按时间安排的成本支出计划,并随时反映了经批准的项目成本变更(所增加或减少的资金数目),被用于度量和监督项目的实际执行成本。

8. 学习曲线理论

学习曲线理论用来估计生产大量产品的项目的成本。该理论指出,当重复生产许多产品时,那些产品的单位成本随着数量的增多呈规律性递减。例如,设计研发手持 GPS 项目可批量生产达 1000 个产品,第一个产品的成本一定远远高于第 1000 个产品的成本。

8.1.2 项目成本估算

1. 成本估算的因素

估算项目成本,涉及估算完成每项活动所需资源的近似成本。在估算成本时,需考虑成本估算偏差的可能原因(包括风险)。成本估算包括识别和考虑各种成本计算方案。成本估算过程考虑预期的成本节省是否能够弥补额外设计工作的成本。

成本估算一般以货币单位(人民币、美元、欧元、日元等)表示,从而方便地在项目内和跨项目间比较。在某些情况下,可随成本估算使用测量单位(如人·时、人·日),以便合理地管理控制。

随着项目的推进,可对成本估算进行细化,以反映额外的详细细节。在整个项目生命期内,项目估算的准确性随着项目的绩效而提高。例如在启动阶段,项目估算为粗略估算,估算范围为 -50% ~ +100%。在项目后期,因为了解了更多的信息,估算精度范围能缩小到 -10% ~ +15%。在一些应用领域,成本估算已形成指导方针,用于确定何时完成细化和期望达到何种精度。

依据信息来自于项目整体管理、范围管理、进度管理、质量管理、人力资源管理、沟通管理、风险管理和采购管理中各有关过程的成果。一旦收到这些成果后,所有这些信息将作为成本管理过程的依据。

针对项目使用的所有资源来估算活动成本,包括(但不限于)人工、材料、设备、服务、设施和特殊条目如通货膨胀准备金和应急准备金等。活动成本估算是针对完成活动所需资源的可能成本进行的量化评估。如果项目实施组织没有受过正式训练的项目成本估算师,则项目团队将需要提供资源和专业特长来完成项目成本估算活动。

除了项目直接成本外,项目估算还需要考虑但容易被忽视的主要因素有以下几种:

(1)非直接成本。指不在WBS工作包上的成本,如管理成本、房屋租金、保险等。其中管理成本的弹性过大,对项目总成本的影响也较大。项目成本预算和估算的准确度差(过粗和过细)都可能造成项目成本增加。预算过粗会使项目费用的随意性较大,准确度降低;预算过细会使项目控制的内容过多,弹性差,变化不灵活,管理成本加大。

(2)学习曲线。如果采用项目团队成员所没有采用过的方法和技术,那么在初期项目团队成员学习过程所引起的成本应包括学习耗费的时间成本。同样,项目团队实施从来没有做过的项目时,也会具有学习曲线。

(3)项目完成的时限。项目工期对成本有影响。

(4)质量要求。质量要求越高,质量成本就越高。质量成本又可以分为质量保证成本和质量故障成本。质量保证成本是项目团队依据公司质量体系(如ISO9000)运行而引起的成本。质量故障成本是由于项目质量存在缺陷进行检测和弥补而引起的成本。在项目的前期和后期,质量成本较高。

(5)储备。包括应急储备和管理储备,主要指为防范风险所预留的成本。但这部分成本往往被管理层或客户给压缩掉,这是不对的。其作用就像战争中的预备队,是非常重要的。

2. 编制项目成本估算的主要步骤

(1)识别并分析成本的构成科目。该部分的主要工作就是确定完成项目活动所需要的物质资源(人、设备、材料)的种类。制作项目成本构成科目后,会形成“资源需求”和“会计科目表”,说明工作分解结构中各组成部分需要资源的类型和所需的数量。这些资源将通过企业内部分派或采购得到。

对项目成本(如人工、日常用品、材料)进行监控的任何编码系统。项目会计科目表通常基于所在组织的会计科目表。项目会计科目表的分类有可能在项目团队以外(财务或会计部门)完成。

(2)根据已识别的项目成本构成科目,估算每一科目的成本大小。根据上面形成的资源需求,考虑项目需要的所有资源的成本。估算可以用货币单位表示,也可用工时、人月、人天、人年等其他单位表示。有时候,同样技能的资源来源不同,其对项目成本的影响也不同。估算时还需要考虑通货膨胀以及货币的时间效应等。

(3) 分析成本估算结果,找出各种可以相互替代的成本,协调各种成本之间的比例关系。计划的最终作用是要优化管理,所以在通过对每一成本科目进行估算而形成的总成本上,应对各种成本进行比例协调,找出可行的低成本的替代方案,尽可能地降低项目估算的总成本。无论怎样降低项目成本估算值,项目的应急储备和管理储备都不应被裁减。

3. 成本估算的工具和技术

1) 类比估算

成本类比估算,指利用过去类似项目的实际成本作为当前项目成本估算的基础。当对项目的详细情况了解甚少时(如在项目的初期阶段),往往采用这种方法估算项目的成本。类比估算是一种专家判断。类比估算的成本通常低于其他方法,而且其精确度通常也较差。此种方法在以下情况中最为可靠:与以往项目的实质相似,而不只是在表面上相似,并且进行估算的个人或集体具有所需的专业知识。

2) 确定资源费率

确定费率的个人或编制估算的集体必须知道每种资源的单位费率,如每小时的人工费和每立方米土方的成本,从而来估算活动成本。收集报价是获得费率的一种方法。对于在合同条款下获得的产品、服务和成果,可在合同中考虑并规定通货膨胀因素的标准费率。从商业数据库和卖方印刷的价格清单中获得数据,是获得费率的另外一种方法。如果不知道实际费率,则必须对费率本身进行估算。

3) 自下而上估算

这种技术是指估算单个工作包或细节最详细的活动的成本,然后将这些详细成本汇总到更高层级,以便用于报告和跟踪目的。自下而上估算方法的成本,其准确性取决于单个活动或工作包的规模和复杂程度。一般地说,需要投入量较小的活动,其活动成本估算的准确性较高。

4) 参数估算

参数估算法是一种运用历史数据和其他变量(如软件编程中的编码行数,要求的人工小时数,软件项目估算中的功能点方法等)之间的统计关系,来计算活动资源成本的估算技术。这种技术估算的准确度取决于模型的复杂性及其涉及的资源数量和成本数据。与成本估算相关的例子是,将工作的计划数量与单位数量的历史成本相乘得到估算成本。

5) 项目管理软件

项目管理软件,如成本估算软件、计算机工作表、模拟和统计工具,被广泛用来进行成本估算。这些工具可以简化一些成本估算技术,便于进行各种成本估算方案的快速计算。

6）供货商投标分析

其他的成本估算方法包括供货商投标分析和项目应开销成本分析。如果项目是通过竞价过程发包的,则项目团队要求进行额外的成本估算工作,检查每个可交付成果的价格,然后得出一个支持项目最终总成本的成本值。

7）准备金分析

很多成本估算师习惯于在活动成本估算中加入准备金或应急储备。但这存在一个内在问题,即有可能会夸大活动的估算成本。应急储备是由项目经理自由使用的估算成本,用来处理预期但不确定的事件。这些事件称为"已知的未知事件",是项目范围和成本基准的一部分。

成本应急储备的一种管理方法是,将相关的单个活动汇集成一组,并将这些活动的成本应急储备汇总起来,赋予到一项活动。这个活动的持续时间可以为零,并贯穿这组活动的网络路径,用来储存成本应急储备。这种成本应急储备管理方法的一个示例是,在工作包水平,将应急储备赋予一个持续时间为零的活动,该活动跨越该工作包子网络的开始到结束。随着活动的绩效,根据持续时间不为零的活动的资源消耗测量应急储备,并进行调整。因此,对于由相关的活动组成的组合活动,其成本偏差就小得多,因为它们不是基于悲观的成本估算。

8.1.3 项目成本预算

1. 项目成本预算的概念

成本预算指将单个活动或工作包的估算成本汇总,以确立衡量项目绩效情况的总体成本基准。项目范围说明书提供了汇总预算,但活动或工作包的成本估算在详细的预算请求和工作授权之前编制。

如果首先得到项目的总体估算,则成本预算是在项目成本估算的基础上,更精确地估算项目总成本,并将其分摊到项目的各项具体活动和各个具体项目阶段上,为项目成本控制制定基准计划的项目成本管理活动。成本估算的输出结果是成本预算的基础与依据,成本预算则是将已批准的项目总的估算成本进行分摊。

项目成本预算的特征如下:

(1) 计划性:指在项目计划中,尽量精确地将费用分配到 WBS 的每一个组成部分,从而形成与 WBS 相同的系统结构。

(2) 约束性:指预算分配的结果可能并不能满足所涉及的管理人员的利益要求,而表现为一种约束。

(3) 控制性:指项目预算的实质就是一种控制机制。

编制项目成本预算应遵循以项目需求为基础、预算要与项目目标相联系,必须同时考虑项目质量目标和进度目标、要切实可行、应当留有弹性等原则。

2. 制定项目成本预算的步骤

(1) 将项目总成本分摊到项目工作分解结构的各个工作包,分解按照自顶向下,根据占用资源数量多少而设置不同的分解权重。

(2) 将各个工作包成本再分配到该工作包所包含的各项活动上。

(3) 确定各项成本预算支出的时间计划及项目成本预算计划。主要根据资源投入时间段形成成本预算计划。

3. 项目成本预算采用的工具和技术

1) 成本汇总

对计划活动的成本估算,根据 WBS 汇总到工作包,然后工作包的成本估算汇总到 WBS 中的更高一级(如控制账目),最终形成整个项目的预算。

2) 准备金分析

通过准备金分析形成应急准备金如管理储备金,该准备金用于应对还未计划但有可能需要的变更。风险登记册中确定的风险可能会导致这种变更。管理储备金是为应对未计划但有可能需要的项目范围和成本变更而预留的预算。它们是"未知的未知",并且项目经理在动用或花费这笔准备金之前必须获得批准。管理储备金不是项目成本基准的一部分,但包含在项目的预算之内。因为它们不作为预算分配,所以也不是挣值计算的一部分。

3) 参数估算

参数估算技术指在一个数学模型中使用项目特性(参数)来预测总体项目成本。模型可以是简单的,也可以是复杂的。参数模型估算的成本和准确度起伏变化很大。如果用于建立模型的历史信息是准确的、在模型中使用的参数是很容易量化的或者模型是可以扩展的情况下,参数估算最有可能是可靠的。

4) 资金限制平衡

对项目实施组织的运行而言,不希望资金的阶段性支出经常发生大的起伏。因此,资金的花费在由用户或执行组织设定的项目资金支出的界限内进行平衡。为实现支出平衡,需要对工作进度安排进行调整,这可通过在项目进度计划内为特定工作包、进度里程碑或工作分解结构组件规定时间限制条件来实现。进度计划的重新调整将影响资源的分配。如果在进度计划制定过程中以资金作为限制性资源,则可根据新规定的日期限制条件重新进行该过程。经过这种交迭的规划过程形成的最终结果是成本基准。

8.1.4 项目成本控制

1. 项目成本控制的内容

项目成本控制包括以下内容:

(1) 对造成成本基准变更的因素施加影响;

(2) 确保变更请求获得同意;

(3) 当变更发生时,管理这些实际的变更;

(4) 保证潜在的成本超支不超过授权的项目阶段资金和总体资金;

(5) 监督成本执行(绩效),找出与成本基准的偏差;

(6) 准确记录所有的与成本基准的偏差;

(7) 防止错误的、不恰当的或未批准的变更被纳入成本或资源使用报告中;

(8) 就审定的变更,通知项目干系人;

(9) 采取措施,将预期的成本超支控制在可接受的范围内。

为项目成本控制查找正、负偏差的原因,它是整体变更控制的一部分。例如,若对成本偏差采取不适当的应对措施,就可能造成质量或进度问题,或在项目后期产生无法接受的巨大风险。

2. 成本控制的工具与技术

1) 成本变更控制系统

成本变更控制系统在成本管理计划中记录。它规定变更成本基准应遵循的程序,包括表格、文档、跟踪系统和核准变更的审批级别。成本变更控制系统与整体变更控制过程紧密联系。

2) 绩效衡量分析

绩效衡量分析技术有助于评估必将出现的偏差及其大小。挣值技术是将已完成工作的预算成本(挣值),按原先分配的预算值进行累加获得的累加值与计划工作的预算成本(计划值)和已完成工作的实际成本(实际值)进行比较。这个技术对成本控制、资源管理和生产特别有用。

成本控制的一个重要部分,是确定偏差产生的原因、偏差的量级和决定是否需要采取行动纠正偏差。挣值技术利用项目管理计划中的成本基准来评估项目绩效和发生的任何偏差的量级。

挣值技术需要为每项计划活动、工作包或控制账目确定这些重要数值,即:

计划值(Planned Value,PV)。PV 是到既定的时间点前计划完成活动或 WBS 组件工作的预算成本。

挣值(Earned Value,EV)。EV 是在既定的时间段内实际完工工作的预算成本。

实际成本(Actual Cost,AC)。AC 是在既定的时间段内实际完成工作发生的实际总成本。AC 在定义和内容范围方面必须与 PV 和 EV 相对应(如仅包含直接小时,仅包含直接成本,或包括间接成本在内的全部成本)。

完成尚需估算(Estimate Completion,ETC)和完成时估算。

综合使用 PV、EV、AC 值能够衡量在某一给定时间点是否按原计划完成了工作。

最常用的测量指标是成本偏差(CV)和进度偏差(SV)。由于已完成工作量的增加,CV 和 SV 的偏差值随着项目接近完工而趋向减少。可在成本管理计划中预先设定随项目朝完工方向不断减少的可接受偏差值。

成本偏差(Cost Variance,CV)。CV 等于 EV 减 AC。计算公式为

$$CV = EV - AC$$

进度偏差(Schedule Variance,SV)。SV 等于 EV 减 PV。计算公式为

$$SV = EV - PV$$

CV 和 SV 能够转化为反映任何项目成本和进度执行(绩效)的效率指标。

成本执行(绩效)指数(Cost Performance Index,CPI)。CPI 等于 EV 和 AC 的比值。CPI 是最常用的成本效率指标。计算公式为

$$CPI = EV/AC$$

CPI 值若小于 1 则表示实际成本超出预算,CPI 值若大于 1 则表示实际成本低于预算。

累加 CPI(CPIc)。广泛用来预测项目完工成本。CPIc 等于阶段挣值的总和(EVc)除单项实际成本的总和(ACc)。计算公式为

$$CPIc = EVc/ACc$$

进度执行(绩效)指标(Schedule Performance Index,SPI)。除进度状态外,SPI 还预测完工日期。有时和 CPI 结合使用来预测项目完工估算。SPI 等于 EV 和 PV 的比值。计算公式为

$$SPI = EV/PV$$

SPI 值若小于 1 则表示实际进度落后于计划进度,SPI 值若大于 1 则表示实际进度提前于计划进度。挣值技术表现形式各异,是一种通用的绩效测量方法。它将项目范围、成本(或资源)、进度整合在一起,帮助项目管理团队评估项目绩效。

3) 预测技术

预测技术包括在预测当时的时间点根据已知的信息和知识,对项目将来的状况做出估算和预测。根据项目执行过程中获得的工作绩效信息产生预测、更新预测、重新发布预测。工作绩效信息是关于项目的过去绩效和在将来能影响项目的信息,如完成时估算和完成时尚需估算。

根据挣值技术涉及的参数,包括 BAC、截至目前的实际成本(ACc)和累加 CPIC 效率指标用来计算 ETC 和 EAC。BAC 等于计划活动、工作包和控制账目或其他 WBS 组件在完成时的总 PV。计算公式为

$$BAC = \text{完工时的 PV 总和}$$

预测技术帮助评估完成计划活动的工作量或工作费用,即 EAC。预测技术

可帮助决定 ETC,它是完成一个计划活动、工作包或控制账目中的剩余工作所需的估算。虽然用以确定 EAC 和 ETC 的挣值技术可实现自动化并且计算起来非常神速,但仍不如由项目团队手动预测剩余工作的完成成本那样有价值或精确。基于项目实施组织提供的完工尚需估算进行 ETC 预测技术是:基于新估算计算 ETC。

ETC 等于由项目实施组织确定的修改后的剩余工作估算。该估算是一个独立的、没有经过计算的,对于所有剩余工作的完成尚需估算;该估算考虑了截至目前的资源绩效和生产率,它是比较精确的综合估算。

4) 项目绩效审核

绩效审查指比较一定时间阶段的成本执行(绩效)、计划活动或工作包超支和低于预算(计划值)的情况、应完成里程碑、已完成里程碑等。

绩效审查是举行会议来评估计划活动、工作包或成本账目状态和绩效。它一般和下列一种或多种绩效汇报技术结合使用:

(1) 偏差分析。偏差分析是指将项目实际绩效与计划或期望绩效进行比较。成本和进度偏差是最常见的分析领域,但项目范围、资源、质量和风险的实际绩效与计划的偏差也具有相同或更大的重要性。

(2) 趋势分析。趋势分析是指检查一定阶段的项目绩效,以确定绩效是否改进或恶化。

(3) 挣值分析。挣值技术将计划绩效和实际绩效进行比较。

5) 项目管理软件

项目管理软件如计算机工作表,经常用来监测 PV 与 AC 的关系,预测变更或偏差的影响。

6) 偏差管理

成本管理计划描述了如何对成本偏差进行管理,如对主要或次要问题采用不同的应对措施。当多数工作完成时,偏差的数量趋向于减少。在项目初期允许较大的偏差,在项目接近完成时将会减少。

8.2 案例分析

东北某县林业资源信息管理系统建设项目预算 100 万元,项目工期为 12 周,现在工作进行到第 8 周。已知成本预算是 64 万元,实际成本支出是 68 万元,挣值为 54 万元。该项目的成本偏差(CV)、进度偏差(PV)、成本绩效指数(CPI)和进度绩效指数(SPI)各是多少?并分析该项目目前的进展情况,若进展不顺利,应采取什么措施?

挣值管理系统(EVM)是综合了范围、进度计划和资源,量测项目绩效的一种方法。它比较了计划工作量、实际挣得多少与实际花费成本，以决定成本和进度绩效是否符合原定计划。

根据上述叙述可知，该项目成本中的三个基本参数值：EV = 54；AC = 68；PV = 64。则：

$$CV = EV - AC = 54 - 68 = -14 \text{ 万元}$$

$$SV = EV - PV = 54 - 64 = -10 \text{ 万元}$$

$$CPI = EV/AC = 54/68 = 0.794 \text{ 万元}$$

$$SPI = EV/PV = 54/64 = 0.843 \text{ 万元}$$

SV 和 CV 均小于 0，表明目前该项目进度拖延并且成本超支，项目的进展很低效。可采取的措施包括：提高效率，如用工作效率高的人员更换一批工作效率低的人员；采用赶工、并行等方式追赶进度；同时要加强成本控制。

8.3 实践应用

SH 规划移动服务系统项目的成本管理

随着移动网络的成熟，手机、平板电脑等多样移动终端的快速普及，给规划行业移动化的快速信息检索、随时随地的规划管理、便捷的办公审批、摆脱空间约束的地理信息应用带来了契机。同时，随着物联网时代的演进，移动互联网必将与物联网、云计算等相关技术结合，为日常办公、管理审批提供更加广泛便捷的信息服务支持同时，也成为智慧城市总体架构的总要组成部分。SH 规划移动服务系统软件是 SH 系统技术有限公司面向城乡规划移动应用推出的软件应用平台，旨在使人们摆脱时间和场所局限，随时进行管理和沟通，有效提高管理效率。2011 年 5 月，SH 公司正式启动了该系统的建设。

由于 SH 规划移动服务系统有一定的难度和复杂性，而且开发小组人员较多，因此，加强项目的成本管理非常重要。成本管理是信息系统管理的一个重要组成部分，目的是通过执行项目成本管理过程和使用一些基本项目管理工具和技术来改进项目成本绩效。项目组整体上把按进度和预算交付项目作为最大的挑战，因此十分重视对项目成本的控制和管理。项目组主要通过在计划阶段做好工作量估算，有效管理和控制风险因素，在实施阶段进行成本跟踪和控制等方法来管理和控制成本。

1. 计划阶段做好成本估算

项目需求分析阶段结束，系统需求规格说明书得到客户正式签字确认后，项目经理创建了工作分解结构 WBS。本系统可提供在线事务处理、信息查询统计、移动 GIS 等典型应用。项目人员配备情况：项目经理 1 人，系统架构师 1 人，开发人员 4 人，网络工程师 2 人，测试人员 1 人。其中测试是兼职人员，为多项目共享。根据制定的 WBS,综合考虑系统的功能、关键技术及难度、团队人员情况等因素,项目经理开始工作量的估算。工作量估算是成本管理的关键,其估算结果决定了成本估算。

工作量估算大致可分为参数估算法、类比法和自底向上法三种。参数估算法使用项目特性参数估算工作量,一般参考历史信息,重要参数必须量化处理,特点是相对简单、比较准确。类比法借助经验丰富人员的“本能感受”识别待估项目和历史项目的相似与差异,并评估差别对估算的影响。这种方法的主观意识较强,估算精确度与估算人员的经验有很大关系。自底向上法是将项目分解成较小的活动,对每个底层任务做估算,然后将底层估算值相加得到项目总的工作量估算值。这种方法估算工作量较大,容易让开发人员产生责任感,进度更有保障。

在本项目中采用自底向上法来估算工作量。对 WBS 的每项活动先确定具体人员,然后对活动本身进行详细分析确定工期,最后通过财务计算得出人力资源成本。对于估算把握不是很好的任务,一般通过提供一个乐观估算 A、悲观估算 B、正常估算 M 后利用公式 $(4*M+A+B)/6$ 计算取整。除此之外,整个系统还包括系统软件、硬件、集成费用。而且,为了避免因需求变更、人员调整或其他不可预见事件给项目带来超出预算的风险,还预留总成本的 5% 作为应急项目成本。最终得出的成本估算结果如下:人力资源 30 万元;各种系统软件和服务器、网络设备等硬件 115 万元;集成费用 50 万元;预留 5 万元;合计 200 万元。

项目组按照上述成本估算方法,使项目成本在成个实施过程中处于可控之中,保证了项目如期按质完成。

2. 有效管理和控制风险因素

项目组对风险进行了必要的管理,以避免风险事件引发的项目成本增加或超值。为了让项目组整体在各个阶段保持良好的风险意识,项目经理把项目中各主要风险事项按级别排序张贴在公告栏上。把需求和范围定义不清、WBS 分解粒度不够细化、用户参与不足、缺乏领导支持、技术问题等作为项目计划阶段的主要风险事件。事实表明,这种做法效果明显。特别是客户方面,定期把风险事件列表通过 Email 发给客户方项目负责人。为了尽快落实未明晰的需求部分,项目经理多次与客户进行面对面的沟通,使需求问题很快得以解决。公司高层也对项目的状态和进展情况很关心,多次出现在项目每周评估例会上。

由于有效的风险控制,加之领导的重视,项目小组人员受到鼓舞,士气高涨,积极性和自信心明显增强,使得项目得以顺利实施。

3. 实施阶段进行成本跟踪和控制

项目实施阶段需要进行成本的跟踪与控制。有效成本控制的关键是经常及时地分析成本绩效,尽早发现成本差异和成本执行的效率,在情况变坏之前能够及时采取纠正措施,尽量使项目的实际成本控制在计划和预算范围内。

在本项目中使用 MS Project 作为成本跟踪和控制的工具。在 Project 中设定项目人力资源的工时标准费率,即人员每小时的工作成本。项目组成员每周五下班前通过公司内网 OA 系统提交项目周报,把各自完成的任务进度情况和下周任务计划进行汇报。报告要求按百分比严格量化任务完成情况,OA 系统只提供具体百分比的选择。项目经理把各项任务实际完成数据输入到进度计划中,Project 自动生成成本统计表,清楚显示任务基准和实际成本信息。通过查看跟踪甘特图就可以较好地把握项目总体的绩效。

适合的成本估算方法、有效的成本跟踪控制有助于项目经理管理项目的进度和质量。正是由于在项目的建设中良好的成本估算和成本控制管理,才保证了项目如期完成。目前系统运行正常,受到了客户和本公司领导的一致好评。

第 9 章　空间信息系统项目质量管理

9.1　空间信息系统项目质量管理理论

项目的信誉是靠质量树立的,效益是质量带来的,项目质量管理的重点是质量策划、质量保证和质量控制。

9.1.1　质量管理理论

1. 质量的概念

我国国家标准 GB/T 19000—2000 对质量的定义是:一组固有特性满足要求的程度。术语“质量”可使用形容词差、好或优秀来修饰。“固有的”(其反义是“赋予的”)就是指在某事或某物本来就有的,尤其是那种永久的特性。对产品来说,例如水泥的化学成分、强度、凝结时间就是固有特性,而价格和交货期则是赋予特性。对质量管理体系来说,固有特性就是实现质量方针和质量目标的能力。对过程来说,固有特性就是过程将输入转化为输出的能力。

从术语的基本特性来说,质量是满足要求的程度。要求包括明示的、隐含的和必须履行的需求或期望。明示的一般是指在合同环境中,用户明确提出的需要或要求,通常是通过合同、标准、规范、图纸、技术文件所做出的明确规定;隐含需要则应加以识别和确定,具体说,是指顾客的期望,是指那些人们公认的、不言而喻的、不必作出规定的“需要”,如洗衣机必须满足洗衣和甩干的基本功能即属于“隐含需要”。需要是随时间、环境的变化而变化的,因此,应定期评定质量要求,修订规范,开发新产品,以满足已变化的质量要求。

2. 质量管理的概念

我国国家标准 GB/T 19000—2000 对质量管理的定义是:在质量方面指挥和控制组织的协调的活动。在质量方面的指挥和控制括动,通常包括制定质量方针和质量目标以及质量策划、质量控制、质量保证和质量改进。

质量方针是指“由组织的最高管理者正式发布的该组织总的质量宗旨和方向”。它体现了该组织(项目)的质量意识和质量追求,是组织内部的行为准则,也体现了顾客的期望和对顾客作出的承诺。质量方针是总方针的一个组成部分,由最高管理者批准。

质量目标,是指“在质量方面所追求的目的”,它是落实质量方针的具体要求,它从属于质量方针,应与利润目标、成本目标、进度目标等相协调。质量目标必须明确、具体,尽量用定量化的语言进行描述,保证质量目标容易被沟通和理解。质量目标应分解落实到各部门及项目的全体成员,以便于实施、检查、考核。

从质量管理的定义可以说明,质量管理是企业(项目)围绕着使产品质量能满足不断更新的质量要求,而开展的策划、组织、计划、实施、检查和监督、审核等所有管理活动的总和。它是企业(项目)各级职能部门领导的职责,而由企业最高领导(或项目经理)负全责,应调动与质量有关的所有人员的积极性,共同做好本职工作,才能完成质量管理的任务。

3. 质量保证的概念

我国国家标准 GB/T 19000—2000 对质量保证的定义是:"质量保证是质量管理的一部分,致力于增强满足质量要求的能力。"也就是,质量保证是为了提供足够的信任表明实体能够满足质量要求,而在质量体系中实施并根据需要进行全部有计划和有系统的活动。

质量保证是质量管理的一个组成部分。质量保证的目的是对产品体系和过程的固有特性已经达到规定要求提供信任。所以质量保证的核心是向人们提供足够的信任,使顾客和其他相关方确信组织的产品、体系和过程达到规定的质量要求。为了能提供信任,组织必须开展一系列质量保证活动,包括为其规定的质量要求有效地开展质量控制,并能够提供证实已达到质量要求的客观证据,使顾客和其他相关方面信任组织的质量管理体系得到有效运行,具备提供满足规定要求的产品和服务的能力。

质量保证分为内部质量保证和外部质量保证,内部质量保证是企业管理的一种手段,目的是为了取得企业领导的信任。外部质量保证是在合同环境中,供方取信于需方信任的一种手段。因此,质量保证的内容绝非单纯的保证质量,而更重要的是要通过对那些影响质量的质量体系要素进行一系列有计划、有组织的评价活动,为取得企业领导和需方的信任而提出充分可靠的证据。

4. 质量控制的概念

我国国家标准 GB/T 19000—2000 对质量控制的定义是"质量管理的一部分,致力于满足质量要求"。质量控制的目标就是确保产品的质量能满足顾客、法律法规等方面所提出的质量要求如适用性、可靠性、安全性。质量控制的范围涉及产品质量形成全过程的各个环节,如设计过程、采购过程、生产过程、安装过程等。

质量控制的工作内容包括作业技术和活动,也就是包括专业技术和管理技术两个方面。围绕产品质量形成全过程的各个环节,对影响工作质量的人、机、料、法、环五大因素进行控制,并对质量活动的成果进行分阶段验证,以便及时发现问题，采取相应措施，防止不合格重复发生，尽可能地减少损失。因此，质量控制应贯彻预防为主与检验把关相结合的原则。必须对干什么、为何干、怎么干、谁来干、何时干、何地干等做出规定，并对实际质量活动进行监控。因为质量要求是随时间的进展而在不断变化，为了满足新的质量要求，就要注意质量控制的动态性，要随工艺、技术、材料、设备的不断改进，研究新的控制方法。

5. 质量管理基本原则和目标

项目质量管理包括了确保项目满足其各项要求所需的过程。它包括担负全面管理职责的各项活动：确定质量方针、目标和责任，并通过质量策划、质量保证、质量控制和质量改进等手段在质量体系内实施质量管理。

质量管理的基本原则如下：

(1) 以实用为核心的多元要求：现在人们对产品质量的要求更高、更多了。过去，对产品的要求一般注重于产品的使用性能，现在又增加了耐用性、美观性、可靠性、安全性、可信性、经济性等要求。

(2) 系统工程：在生产技术和质量管理活动中广泛应用系统工程和系统分析的概念。它要求用系统的观点分析研究质量问题，把质量管理看成是处于较大系统(如企业管理、整个社会系统)中的一个子系统。

(3) 职工参与管理：管理科学理论又有了一些新发展，其中突出的一点就是重视人的因素，“职工参与管理”，强调要依靠广大职工搞好质量管理。

(4) 管理层和第一把手重视：成功的项目需要全体项目组成员的参与，然而管理层特别是第一把手要对为取得项目成功起关键作用的质量保证工作提供全方位支持特别是资源支持。

(5) 保护消费者权益：20世纪60年代，“保护消费者权益”运动的兴起，许多国家的消费者为保护自己的利益，纷纷组织起来同伪劣商品的生产销售企业抗争。

(6) 面向国际市场：随着市场竞争，尤其是国际市场竞争的加剧，各国企业越来越重视产品责任和质量保证问题。

项目质量管理的目标如下：

(1) 顾客满意度：理解、管理和影响需求，以便与顾客的期望相符。这就要求既符合要求(项目应交付所承诺的产品)又适于使用(交付的产品或服务必须满足实际需求)。

(2) 预防胜于检查：预防缺昭的成本总是大大低于纠正缺陷的成本，也就是说，防患于未然的代价总是小于纠正所发现的错误的代价。

(3) 准备阶段内的过程：质量管理既重视结果也重视过程——项目管理过程中讲到的阶段和过程与戴明等质量管理专家所描述的质量控制循环 PDCA (Plan - Do - Check - Action，计划—实施—检查—行动)很相似。此外，实施组织主动采纳的质量改进措施(如全面质量管理、持续改进等)不仅可以提高项目管理的质量,而且也能提高项目产品的质量。

6. 质量管理主要活动和流程

1)质量管理的主要活动

从管理流程来看,项目质量管理是为了保证项目最终能够达到预期的质量目标而进行的一系列的管理过程。项目的质量管理可以分解为质量策划、质量保证与质量控制三个过程,如表 9－1 所示。

质量策划是指确定与项目相关的质量标准,并决定如何达到这些质量标准。质量保证是定期评估总体项目绩效的活动之一,以树立项目能满足相关质量标准的信心。质量控制是指监控具体的项目结果以判断其是否符合相关的质量标准,并确定方法来消除绩效低下的原因。

表 9－1 项目质量管理知识体系

管理过程	输 入	工具和技术	输 出
规划质量	范围基准 干系人登记册 成本绩效基准 进度基准 风险登记册 企业环境因素 组织过程资产	成本效益分析 质量成本 控制图 标杆对照 实验设计 统计抽样 流程图 专有的质量管理方法 其他质量规划工具	质量管理计划 质量测量指标 质量核对表 过程改进计划 项目文件(更新)
实施质量保证	项目管理计划 质量测量指标 工作绩效信息 质量控制测量结果	规划质量和实施质量控制的工具和技术 质量审计 过程分析	组织过程资产(更新) 变更请求 项目管理计划(更新) 项目文件(更新)
实施质量控制	项目管理计划 质量测量指标 质量核对表 工作绩效测量结果 批准的变更请求 可交付成果 组织过程资产	因果图 控制图 流程图 直方图 帕累托图 趋势图 散点图 统计抽样 检查 审查已批准的变更请求	质量控制测量结果 确认的变更 确认的可交付成果 组织过程资产(更新) 变更请求 项目管理计划(更新) 项目文件(更新)

2）质量管理流程

整个项目质量管理过程可以分解为以下 4 个环节：

（1）确立质量标准体系。建立适当的质量衡量标准是进行项目质量管理的前提性的关键性工作。根据企业在实施项目方面的整体战略规划与项目实施计划，实施项目的主体企业首先要确立衡量项目质量的标准体系。衡量项目质量的标准一般包括项目涉及的范围、项目具体的实施步骤、项目周期估计、项目成本预算、项目财务预测与资金计划、项目工作详细内容安排、质量指标要求以及客户满意度等。这里需要注意的是，项目质量指标体系一定要具备完整性、科学性与合理性，项目实施各相关主体应该事先进行讨论与沟通，以保证其完整、无漏洞，又具备较强的可实施性。

（2）对项目实施进行质量监控。要在项目执行过程中采取有效措施来监控项目的实际运行。在项目实施过程中，根据要求收集项目实施过程中的相关信息，观察、分析项目实施进程中的实际情况以便监控。

为了达到有效监控项目的目的，可以利用的监控措施与沟通渠道包括：正式的监控与沟通渠道，例如项目进度报告、项目例会、里程碑会议、各种会议纪要等；非正式的监控与沟通渠道，例如与项目小组成员或最终用户进行交谈与讨论，与企业管理层进行非正式的交流等。在这个环节上，要根据项目质量标准体系的要求，通过有效的监控措施和渠道，全面、客观地跟踪及反映项目实施的实际情况。

（3）将实际与标准对照。把项目实施过程中的实际表现与项目质量衡量标准进行比较，分析出差异。在监控与跟踪项目实际运行状况时，往往需要解决这样一些问题，比如，“项目进展如何”“如果发生了项目计划执行结果与质量标准偏离的情况，是如何造成的”等。通过对项目实施相关衡量指标的综合分析，为客观评价项目质量状况提供依据，帮助项目决策人员迅速、有效地对项目的实际进展情况进行监控与管理，从而可以根据需要采取有效措施来保证项目实施按照既定的轨道运行。

（4）纠偏纠错。根据具体情况采取合理的纠正措施。经过比较与分析，如果发现偏差，就要采取适当的措施进行纠正，让项目实施回到正轨。可供选用的纠正措施包括：重新制定项目计划、重新安排项目步骤、重新分配项目资源、调整项目组织形式、调整项目管理方式等。

一般而言，为了保证项目不偏离正常轨道，按照既定计划走向成功，保证纠正措施的合理性与有效性，需要项目的实施主体事先了解一些项目质量管理基础知识与相关案例，确保纠偏措施的有效性。

7. 国际质量标准

质量管理追求顾客满意，注意预防而不是检查，并承认管理层对质量的责任。戴明、朱兰、克劳斯比、石川馨、田口宏一等许多著名的质量专家都对现代质量管理做出了贡献。1987 年,ISO9000 系列国际质量管理标准问世,质量管理与质量保证开始在世界范围内对经济和贸易活动产生影响。20 世纪 90 年代末全面质量管理成为许多“世界级”企业的成功经验,被证明是一种使企业获得核心竞争力的管理战略。质量的概念也从狭义的符合规范发展到以“顾客满意”为目标。下面,对于国际上目前应用普遍的质量管理标准 ISO9000 系列标准和全面质量管理、六西格玛(6σ)等质量管理方法以及软件过程改进与能力成熟度模型进行介绍。

1) ISO9000 系列

ISO9000:2000(等同于国家标准 GB/T 19000—2000)。ISO9000 族标准可帮助各种类型和规模的组织实施并运行有效的质量管理体系。该系列质量管理体系能够帮助组织增进顾客满意。这些标准包括:

(1) ISO9000:表述质量管理体系基础知识并规定质量管理体系术语。

(2) ISO9001:规定质量管理体系要求,用于组织证实其具有提供满足顾客要求和适用的法规要求的产品的能力,目的在于增进顾客满意度。

(3) ISO9004:提供考虑质量管理体系的有效性和效率两方面的指南。该标准的目的是组织业绩改进,使顾客及其他相关方满意。

(4) ISO19011:提供审核质量和环境管理体系指南。

上述标准共同构成了一组密切相关的质量管理体系标准,在国内和国际贸易中促进相互理解。

顾客要求产品具有满足其需求和期望的特性,这些需求和期望在产品规范中表述,并集中归结为顾客要求。顾客要求可以由顾客以合同方式规定或由组织自己确定,在任一情况下,顾客最终确定产品的可接受性。因为顾客的需求和期望是不断变化的,这就促使组织持续地改进其产品和过程。ISO9000 质量管理体系方法鼓励组织分析顾客要求,规定相关的过程,并使其持续受控,以实现顾客能接受的产品。质量管理体系能提供持续改进的框架,以增加使顾客和其他相关方满意的可能性。质量管理体系还就组织能够提供持续满足要求的产品,向组织及其顾客提供信任。

ISO9000 质量管理的 8 项质量管理原则已经成为改进组织业绩的框架,其目的在于帮助组织达到持续成功。8 项基本原则如下:

(1) 以顾客为中心:组织依存于其顾客。因此组织应理解顾客当前和未来的需求,满足顾客要求并争取超越顾客期望。

(2) 领导作用:领导者确立本组织统一的宗旨和方向。他们应该创造并保持使员工能充分参与实现组织目标的内部环境。

(3) 全员参与:各级人员是组织之本,只有他们的充分参与,才能使他们的才干为组织获益。

(4) 过程方法:将相关的活动和资源作为过程进行管理,可以更高效地得到期望的结果。

(5) 管理的系统方法:识别、理解和管理作为体系的相互关联的过程,有助于组织实现其目标的效率和有效性。

(6) 持续改进:组织总体业绩的持续改进应是组织的一个永恒的目标。

(7) 基于事实的决策方法:有效决策是建立在数据和信息分析基础上。

(8) 与供方互利的关系:组织与其供方是相互依存的,互利的关系可增强双方创造价值的能力。

ISO9000 体系为项目的质量管理工作提供了一个基础平台,为实现质量管理的系统化、文件化、法制化、规范化奠定基础。它提供了一个组织满足其质量认证标准的最低要求。

2) 全面质量管理

20 世纪 50 年代末,美国通用电器公司的费根堡姆和质量管理专家朱兰提出了"全面质量管理"(Total - Quality Management, TQM)的概念,认为"全面质量管理是为了能够在最经济的水平上,并考虑到充分满足客户要求的条件下进行生产和提供服务,把企业各部门在研制质量、维持质量和提高质量的活动中构成为一体的一种有效体系"。

20 世纪 60 年代初,美国一些企业根据行为管理科学的理论,在企业的质量管理中开展了依靠职工"自我控制"的"无缺陪运动"(Zero Defects):日本在工业企业中开展质量管理小组(Q. C. Cycle)活动,使全面质量管理活动迅速发展起来。

全面质量管理(TQM)是一种全员、全过程、全企业的品质管理。它是一个组织以质量为中心,以全员参与为基础,通过让顾客满意和本组织所有成员及社会受益而达到持续经营的目的。全面质量管理注重顾客需要,强调参与团队工作,并力争形成一种文化,以促进所有的员工设法并持续改进组织所提供产品,服务的质量、工作过程和顾客反应时间等,它由结构、技术、人员和变革推动者 4 个要素组成,只有这 4 个方面全部齐备,才会有全面质量管理这场变革。

全面质量管理有 4 个核心的特征:全员参加的质量管理、全过程的质量管理、全面方法的质量管理和全面结果的质量管理。全员参加的质量管理即要求全部员工,无论高层管理者还是普通办公职员或一线工人,都要参与质量改进活动。参与"改进工作质量管理的核心机制",是全面质量管理的主要原则之一。全过程的质量管理必须在市场调研、产品的选型、研究试验、设计、原料采购、制造、检验、储运、销售、安装、使用和维修等各个环节中都把好质量关。其中,产品的设计过程是全面质量管理的起点,原料采购、生产、检验过程是实现产品质量的重要过程;而产品的质量最终是在市场销售、售后服务的过程中得到评判与认定。全面方法的质量管理采用科学的管理方法、数理统计的方法、现代电子技术、通信技术等方法进行全面质量管理。全面结果的质量管理是指对产品质量、工作质量、工程质量和服务质量等进行全面质量管理。

3）六西格玛管理

六西格玛管理由摩托罗拉公司首先提出。摩托罗拉公司在20世纪80年代将其作为组织开展全面质量管理过程以实现最佳绩效的一种质量理念和方法,就此,摩托罗拉公司成为美国波多里奇国家质量奖的首家获得者。六西格玛意为“六倍标准差”,在质量上表示每百万坏品率(Parts Per Million,PPM)少于3.4。六西格玛管理是在提高顾客满意程度的同时降低经营成本和周期的过程革新方法,它是通过提高组织核心过程的运行质量,进而提升企业赢利能力的管理方式,也是在新经济环境下企业获得竞争力和持续发展能力的经营策略。

六西格玛管理强调对组织的过程满足顾客要求能力进行量化度量,并在此基础上确定改进目标和寻求改进机会,六西格玛专注过程问题是因为如果流程控制不力,将会导致结果同样不可控。与解决问题相比,对问题的预防更为重要。把更多的资源投入到预防问题上,就会提高“一次做好”的概率。六西格玛管理法是一项以数据为基础、追求完美的质量管理方法。

六西格玛管理法的核心是将所有的工作作为一种流程,采用量化的方法分析流程中影响质量的因素,找出最关键的因素加以改进从而达到更高的客户满意度,即采用DMAIC(确定、测量、分析、改进、控制)改进方法对组织的关键流程进行改进,而DMAIC又由下列4个要素构成:最高管理承诺、有关各方参与、培训方案和测量体系。其中有关各方包括组织员工、所有者、供应商和顾客。

六西格玛管理法是全面质量管理的继承和发展。因此,六西格玛管理法为组织带来了一个新的、垂直的质量管理方法体系。六西格玛的优越之处在于从项目实施过程中改进和保证质量,而不是从结果中检验控制质量。这样做不仅减少了检控质量的步骤,而且避免了由此带来的返工成本。更为重要的是,六西格玛管理培养了员工的质量意识,并把这种质量意识融入企业文化中。

4）软件过程改进与能力成熟度模型

通常,软件开发项目质量管理和一般项目质量管理的手段是使用成熟度模型帮助组织改进他们的过程和系统的框架模型。目前,流行的成熟度模型包括软件能力成熟度模型(CMM/CMMI)和国内的SJ/T 11234—2001《软件过程能力评估模型》与SJ/T 11235—2001《软件能力成熟度模型》两个标准。

(1) CMM/CMMI。CMMI的发展历程如下:1984年,美国国防部针对软件采购风险,委托卡内基－梅隆大学软件工程研究院(SEI)制定用于软件过程改进和评估的模型。该项目的成果之一就是“软件能力成熟度模型”(Capability

Maturity Model for Sofiware,SW - CMM),简称 CMM。CMMI for Development 模型 1.2 版本包括三个学科:软件工程、系统工程和硬件工程。CMMI 模型将成熟度分为 5 个等级,每个等级包含相应的过程域。每个过程域中设定了通用目标和特殊目标,每个目标下由若干实践组成。这些实践是根据各个组织长期开发实践活动的成功经验逐渐总结、提炼形成的,被认为是具有共性的最佳惯例。该模型包含了从产品需求提出、设计、开发、编码、测试、交付运行到产品退役的整个生命周期里各个过程的各项基本要素,是过程改进的有机汇集,旨在为各类组织包括软件企业、系统集成企业等改进其过程和提高其对产品或服务的开发、采购以及维护的能力提供指导。CMMI 自出道以来,它所要达到的过程改进目标从来没有变过,第一是保证产品或服务质量,第二是项目时间控制,第三就是要用最低的成本。

(2) SJ/T 11234—2001 和 SJ/T 11235—2001。"软件过程及能力成熟度评估"(Software Process and Capability Maturity Assessment,SPCA)是软件过程能力评估和软件能力成熟度评估的统称,是我国信息产业部会同国家认证认可监督管理委员会在充分研究了国际软件评估体制,特别是美国卡内基 - 梅隆大学 SEI 所建立的软件能力成熟度模型(CMMI),并考虑了国内软件产业实际情况之后所建立的软件评估体系。

SPCA 依据的评估标准是信息产业部的 SJ/T 11234—2001《软件过程能力评估模型》和 SJ/T 11235—2001《软件能力成熟度模型》两个标准,这两个标准是在深入研究了 CMM、CMMI、ISO/IEC TR15504、ISO9000、TL9000 及其他有关的资料和文件以及国外企业实施 CMM 的实际情况后,结合国内企业的实际情况,以 avnvn 作为主要参考文件最终形成的,已于 2001 年 5 月 1 日发布实施。

SJ/T 11234—2001《软件过程能力评估模型》针对软件企业对自身软件过程能力进行内部改进的需要,而 SJ/T 11235—2001《软件能力成熟度模型》则针对软件企业综合能力第二方或第三方评估的需求。两个模型分别适应于不同的目的。

SPCA 评估遵循《软件过程及能力成熟度评估指南》,该指南由国家认监委和信息产业部 2002 年 8 月共同发布,作为利用 SJ/T 11234—2001 或 SJ/T 11235—2001 实施评估的操作指南。评估过程由经过培训的专业队伍以评估参考模型作为确定过程的强项和弱项的基础而对一个或多个过程进行检查。

9.1.2 制定项目质量计划

制定项目质量计划(OP)是项目质量管理的一部分,致力于制定质量目标并规定必要的运行过程和相关资源以实现项目质量目标。项目质量目标是指项目质量管理方追求的目的。

制定项目质量计划是识别和确定必要的作业过程、配置所需的人力和物力资源,以确保达到预期质量目标所进行的周密考虑和统筹安排的过程。制定项目质量计划是保证项目成功的过程之一。美国著名质量管理专家朱兰博士提出的质量管理三部曲,将质量管理概括为质量策划、质量控制和质量改进三个阶段。在国际标准 ISO9000:2000 中将质量策划定义为"质量管理的一部分,致力于设定质量目标并规定必要的运行过程和相关资源以实现其质量目标"。不同的项目在进行质量策划时,其目的都是为了实现特定项目的质量目标,因此制定项目质量计划具体地说,就是根据项目内外部环境确定项目质量目标以及为保证这些目标的实现所必须经历的工作步骤和所必须配置的相关资源。项目具体目标包括项目的性能性目标、可靠性目标、安全性目标、经济性目标、时间性目标和环境适应性目标等。

1. 制定项目质量计划包含的主要活动

1）收集资料

明确和收集制定项目质量计划时所需的资料和数据。任何计划都不能凭空想象,必须建立在事实的基础上。这其中很重要的信息就是以往类似项目的质量计划资料以及在执行和处理现场情况总结的经验教训资料、数据对比资料、质量计划变更记录资料等。

其他应掌握的资料还有:了解项目实施组织或项目委托人的质量方针和项目的假设、前提与制约因素;项目质量班子现可以支配的资源,因为项目质量计划要创造的成果在很大程度上取决于可供项目质量班子使用的资源;项目相关方已完成的工作、项目目前的状况、项目投资人对项目未来的期望,等等。

2）编制项目分质量计划

整个项目质量计划在制定总目标的同时,应确定各相关职能和层次上的分质量目标,也就是应进行项目分质量计划,整个项目质量计划就是综合上述各分质量计划的结果。一般项目质量管理班子对项目质量进行策划时应考虑如下内容:

(1) 项目中所涉及的产品质量计划。包括对老产品的改进和新产品的开发进行筹划:确定产品的质量特性、质量目标和要求;规定相应的作业过程和相关资源以实现产品质量目标。

(2) 项目质量管建和作业策划。包括确定项目所涉及的质量管理体系的过程内容:明确作业内容;规定相应的管理过程和相关资源,达到控制要求,实现管理目标。

(3) 编制质量计划。为满足顾客的质量要求,项目质量班子要根据自身的条件开展一系列的筹划和组织活动,提出明确的质量目标和要求,制定相应的质量管理过程和资源的文件,包括质量责任、质量活动顺序等。

3）学会使用工具和技术

要学会利用项目质量计划的方法、工具、技术、知识和经验。这些方法、工具、技术、知识和经验统称为“工具和技术”。如今在做项目质量计划时，必须精打细算，单纯靠拍脑袋是行不通的，必须采用相应的工具和技术。

4）形成项目质量计划书

在上述三项工作的基础上进行提炼和集成，写出项目质量计划书和有关辅助文件，通过以上活动就可以很好地进行项目质量策划。

2. 制定项目质量计划采用的方法、技术和工具

制定项目质量计划一般采用效益/成本分析、基准比较、流程图、实验设计、质量成本分析等方法和技术。此外，制定项目质量计划还可采用质量功能展开、过程决策程序图法等工具。

1）效益/成本分析

项目质量计划过程必须权衡考虑效益/成本的利弊。满足质量要求最主要的好处就是减少返工，这意味着提高生产率、降低成本和增加项目干系人的满意度。为满足质量要求所付出的主要成本是指用于开展项目质量管理活动的开支。质量管理原则的就是收益胜过成本。

2）基准比较

基准比较是指将项目的实际做法或计划做法与其他项目的实践相比较，从而产生改进的思路并提出度量绩效的标准。其他项目既可以是实施组织内部的也可以是外部的，既可以来自同一应用领域也可以来自其他领域。

3）流程图

流程图是指任何显示与某系统相关的各要素之间相互关系的示意图。流程图是流经一个系统的信息流、观点流或部件流的图形代表。在企业中，流程图主要用来说明某一过程。这种过程既可以是生产线上的工艺流程，也可以是完成一项任务必需的管理过程。

一张流程图能够成为解释某个零件的制造工序，甚至组织决策制定程序的方式之一。这些过程的各个阶段均用图形块表示，不同图形块之间以箭头相连，代表它们在系统内的流动方向。下一步何去何从，要取决于上一步的结果，典型做法是用“是”或“否”的逻辑分支加以判断。流程图是揭示和掌握封闭系统运动状况的有效方式。作为诊断工具，它能够辅助决策制定，让管理者清楚地知道，问题可能出在什么地方，从而确定出可供选择的行动方案。

4）实验设计

实验设计是一种统计方法，它帮助确定影响特定变量的因素。此项技术最常用于项目产品的分析，例如，计算机芯片设计者可能想确定材料与设备如何组合，才能以合理的成本生产最可靠的芯片。

然而,实验设计也能用于诸如成本与进度权衡的项目管理问题。例如,高级程序员的成本要比初级程序员高得多,但可以预期他们在较短时间内完成指派的工作。恰当地设计"实验"(高级程序员与初级程序员的不同组合计算项目成本与历时)往往可以从为数有限的方案中确定最优的解决方案。

5）质量成本分析

质量成本指为了达到产品服务的质量要求所付出的全部努力的总成本,既包括为确保符合质量要求所做的全部工作(如质量培训、研究和调查等),也包括因不符合质量要求所引起的全部工作(如返工、废物、过度库存、担保费用等)。

质量成本分为预防成本、评估成本和缺陷成本。预防成本是指那些为保证产品符合需求条件,无产品缺陷而付出的成本。如,项目质量计划、质量规划、质量控制计划、质量审计、设计审核、过程控制工程、质量度量、测试系统建立(测试设备及系统的设计与开发或购置)、质量培训、供应商评估等都是预防成本。评估成本是指为使工作符合要求目标而进行检查和检验评估所付出的成本。如,设计评估、收货检验、采购检验、测试、测试结果的分析汇报等都是评估成本。缺陷成本又进一步分为内部的和外部的缺陷成本。内部缺陷成本是指交货前弥补产品故障和失效而发生在公司内的费用。如,产品替换、返工或修理、废料和废品、复测、缺陷诊断、内部故障的纠正等都是内部缺陷成本。外部缺陷成本是指发生在公司外部的费用,通常是由顾客提出的要求。如,产品投诉评估、产品保修期投诉、退货、增加营销费用来弥补丢失的客户、废品召回、产品责任、客户回访解决问题等都是外部缺陷成本。项目成功的标准就是增加预防成本要比设法降低弥补成本更值得。

6）质量功能展开

质量功能展开(Quality Function Deployment,QFD)就是将项目的质量要求、客户意见转化成项目技术要求的专业方法。这种方法在工程领域得到广泛应用,它从客户对项目交付结果的质量要求出发,先识别出客户在功能方面的要求,然后把功能要求与产品或服务的特性对应起来,根据功能要求与产品特性的关系矩阵,以及产品特性之间的相关关系矩阵,进一步确定出项目产品或服务的技术参数。技术参数一经确定,项目小组就很容易有针对性地提供满足客户需求的产品或服务。QFD 矩阵主要是用来确定项目质量要求的,形状看起来像房子,于是又称质量屋(Quality House)。

"客户要求"即客户意见或客户的需要和期望,往往涉及客户希望得到的产品或服务究竟是什么的问题。客户要求通常集中在功能方面,并且很笼统而抽象,在项目执行之前,项目小组可以采取通过访问客户、发放调查问卷以及其他市场调查的手段来获取。

"优先级"是客户对所关注的若干要求所分别赋予的重视程度,通常由客户来定义,可以按顺序分别用1,2,3来表示。通常,客户优先考虑的要求也应成为项目小组的优先考虑。

"产品或服务特性"指的是为了满足客户要求,在产品设计、制造或服务提供等方面必须具备怎么样的特性,这些特性是由项目小组来确定的,通常与产品或服务的某些结构、性能有关。

"相关关系矩阵"是指产品或服务的众多特性之间的相互关系,根据它们之间的相互影响关系,通常用正相关或负相关来表示。

"关联关系矩阵"是指客户要求和产品或服务特征之间的关联关系,根据它们之间关联的程度,通常用强、中等、弱三种定性关系来确定。

"产品或服务技术参数"是指产品或服务的质量性能参数,通常用可以测量的客观标准来衡量。例如,产品的结构参数有长度、频率等,性能参数有可靠性、适应性、可操作性、灵活性、可制造性等,感官参数有味觉、视觉等,时间参数有耐久性、保修期、可维护性等,商业参数有担保、退换等,社会参数有合法、安全、环保等,服务的提供参数有服务时间、服务能力、服务态度等。按照这些技术参数来设计产品和提供服务,才能真正使客户的需求得到准确无误的满足。

7) 过程决策程序图法

过程决策程序图法(Process Decision Program Chart,PDPC)的主要思想是,在制定计划时对实现既定目标的过程加以全面分析,估计到种种可能出现的障碍及结果,设想并制定相应的应变措施和应变计划,保持计划的灵活性;在计划执行过程中,当出现不利情况时,就立即采取原先设计的措施,随时修正方案,从而使计划仍能有条不紊地进行,以达到预定的目标;当出现了没有预计到的情况时随机应变,采取灵活的对策予以解决。

PDPC法的具体操作程序如下:

(1) 从自由讨论中提出有必要的研究事项。

(2) 拟订方案。对确定的项目进行深入的调查研究,预测结果和制定对策方案。方案要按其顺序排列出几个,如果前一个方案执行不顺利时,则依次按顺序执行下面的方案或在执行过程中制定出新方案。

(3) 理想连接。把各研究事项按紧迫程度、工时、可能性和难易程度等分类,进而对当前要解决的事项,根据预测的结果,决定在实施前还需要做些什么,用箭头向理想状态连接。

PDPC法作为重大事故预测法大大扩展了运用领域,并正被运用在质量管理的各个部门。同时,要指出的是,解决问题不是仅仅依靠方法就能办得到的,它需要综合运用过去的经验或固有技术、管理方式才能解决。但可以认为,为了充分地运用这些关联技术使有关人员理解问题的所在,拿出更多的构思和方法是必要的,并且在解决问题时要掌握每个阶段存在的问题和制定解决的措施。除 PDPC 法外,应随时配合使用质量保证的其他工具。此外在制成 PDPC 时虽好把存在的问题或其发生的可能性、处理措施等各种情况以总结表的形式归纳起来,并把制作时得到的信息用文章等进行概括,以便以后参考。

9.1.3 项目质量保证

项目质量保证(QA)的提供对象通常是项目管理班子和执行组织的管理层,而项目质量保证活动的参与者应是项目的全体工作人员。如果项目中的每一位员工都具有质量意识和改进的愿望,那么质量合格的前一过程就能进入下一过程,整个质量目标才能够在进行中得以实现。项目质量保证活动包括:如何建立质量标准,如何确立质量控制流程,如何进行质量体系的评估。项目质量保证活动是质量管理的一个更高层次,是对质量策划、质量控制过程的质量控制。

1. 产品、系统、服务的质量保证

1）产品的质量保证

为了保证产品的质量,要做好下列工作:

(1) 清晰的规格说明。对于项目而言,一般既要清楚项目的最终产品,又要清楚项目的中间产品。这些中间产品包括工作包中的里程碑、项目较低层次活动中产生的可交付中间产品。

(2) 使用完善的标准。是一个标准设计和工作包,是从以前被证明能够达到需要的规格结果的经验中得出的。

(3) 历史经验。一般来说,历史经验越多,所制定的标准和规格越好。对于研发项目、高技术和组织研发的项目,刚开始总是不可能创建一个清晰的规格说明的。

(4) 合格的资源。如果项目组成员凭借自己的经验或通过培训,熟悉产品情况,那么他们就能更好地应用这些标准,实现特定的规格。合格的资源还包括原材料和财务资源等。

(5) 公正的设计复审。启用设计审查可以检查设计,保证在设计阶段就满足客户的需求。

(6) 变化控制。要实现规定的质量规格,变化是不可避免的,并不是所有的变化都应该消除,因为有些变化是为了满足用户需求的。但是每个变化的目的都要仔细地定义,对设计的影响都要认真地评价,并做好成本,效益分析。

2）系统的质量保证

建立系统的质量保证体系,质量保证应贯穿整个系统每一项工作的全过程，要建立从系统总体设计、可行性研究、需求分析、立项、概要设计、详细设计、编码、试用、测试，到鉴定评审、运行维护全过程的质量保证体系；特别要加强系统质量的后期管理，即从试用、测试到鉴定评审到运行维护阶段的质量控制；要建立规章制度，包括软件的回访制度和版本更新制度等。

3）服务的质量保证

服务是一种无形的产品。服务质量是指企业在售前、售后服务过程中满足用户要求的程序。其质量保证一般包括：服务时间，是指为用户服务主动、及时、准时、适时、周到的程度；服务能力，是指为用户服务时准确判断，迅速排除故障，指导用户合理使用产品的程度；服务态度，是指服务过程中热情、诚恳、有礼貌、守信用、建立良好服务信誉的程度。

2. 管理过程的质量保证

项目管理过程质量保证活动的基本内容如下：

1）制定质量标准

每个项目所涉及的领域不一定相同，即使是相同领域的项目，由于环境和规模等的不同，其适用标准也不尽相同。因此，制定质量标准是为了在项目实施过程中达到或超过质量标准。制定质量标准时可以采用现行的国家标准、行业标准。

2）制定质量控制流程

不同种类的项目在不同实施阶段，其质量保证所采取的控制流程都各不相同，每一控制流程的制定都应反映特定项目的质量特征。项目质量控制流程不是孤立的，一般总与组织的质量管理体系紧密相连，体现全员参与的思想。项目的相关各方各负其责，各有侧重地开展质量保证工作。

3）提出质量保证所采用方法和技术

项目质量保证采用的一些方法、技术主要包括：

（1）制定质量保证规划。质量保证规划是进行质量保证的依据和指南，应在对项目特点进行充分分析的基础上编制。质量保证规划包括质量保证计划、质量保证大纲、质量标准等。

（2）质量检验。通过测试、检查、试验等检验手段确定质量控制结果是否与要求相符。

（3）确定保证范围和等级。质量保证范围和等级要相适应，范围小、等级低可能达不到质量保证的要求；范围大、等级高会增加管理的工作量和费用。等级划分应依据有关法规进行。

（4）质量活动分解。对于与质量有关的活动需要进行逐层分解，直到最基本的质量活动，以实施有效的质量管理和控制。质量活动分解的方式有多种，其中矩阵式是常用的形式。

4）建立质量保证体系

建立质量保证体系首先应明确并在全体员工中贯彻质量方针，建立健全对形成质量全过程有影响的所有管理者、执行者、操作者的质量责任，建立起质量保证手册、质量程序文件等书面文件，确保与项目质量保证体系有关人员都得到相应的培训，建立质量保证体系的评估制度，确保质量保证活动在各部门的有效运行，制定项目质量保证的具体措施等。

3. 项目质量保证的技术、方法

1）项目质量管理通用方法

9.1.3 节中描述的制定项目质量计划所采用的方法、技术和工具也适用于进行项目质量保证。

2）过程分析

过程分析依据过程改进计划的指导，识别从组织和技术角度需要的改进措施。这种分析还可以检查在过程流转中会遭遇的问题、约束和无增值的活动。过程分析包括应用根本原因分析——一种通过分析导致某问题和场景的各种潜在原因，建立预防措施来应对未来相似的问题和场景的技术。

3）项目质量审计

质量审计是对其他质量管理活动的结构化和独立的评审方法，用于判断项目活动的执行是否遵从于组织及项目定义的方针、过程和规程。质量审计的目标是：识别在项目中使用的低效率以及无效果的政策、过程和规程。后续对质量审计结果采取纠正措施的努力，将会达到降低质量成本和提高客户或（组织内的）发起人对产品和服务的满意度的目的。质量审计可以是预先计划的，也可是随机的：可以是组织内部完成，也可以委托第三方（外部）组织来完成。质量审计还确认批准过的变更请求、纠正措施、缺陷修订以及预防措施的执行情况。

9.1.4 项目质量控制

1. 项目质量控制的含义

项目质量控制（QC）就是项目团队的管理人员采取有效措施，监督项目的具体实施结果，判断它们是否符合项目有关的质量标准，并确定消除产生不良结果原因的途径。也就是说进行项目质量控制是确保项目质量计划和目标得以圆满实现的过程。

2. 项目质量控制的内容

项目质量控制活动一般包括：保证由内部或外部机构进行检测管理的一致性，发现与质量标准的差异，消除产品或服务过程中性能不能被满足的原因，审查质量标准以决定可以达到的目标及成本、效率问题，并且需要确定是否可以修订项目的质量标准或项目的具体目标。

项目具体结果既包括项目的最终产品(可交付成果等)或服务,也包括项目过程的结果。项目产品的质量控制一般由质量控制职能部门负责,而项目过程结果的质量却需要由项目管理组织的成员进行控制。质量控制过程还可能包括详细的活动和资源计划。

3. 项目质量控制过程的基本步骤

项目质量控制过程一般要经历以下基本步骤:

(1) 选择控制对象。项目进展的不同时期、不同阶段,质量控制的对象和重点也不相同,需要在项目实施过程中加以识别和选择。质量控制的对象,可以是某个因素、某个环节、某项工作或工序,以及项目的某个里程碑或某项阶段成果等一切与项目质量有关的要素。

(2) 为控制对象确定标准或目标。

(3) 制定实施计划,确定保证措施。

(4) 按计划执行。

(5) 对项目实施情况进行跟踪监测、检查,并将监测的结果与计划或标准相比较。

(6) 发现并分析偏差。

(7) 根据偏差采取相应对策:如果监测的实际情况与标准或计划相比有明显差异,则应采取相应的对策。

4. 项目质量控制的方法、技术和工具

在开展全面质量管理的过程中通常将因果图、流程图、直方圈、检查表、散点图、排列图和控制图称为"老七种工具",而将相互关系图、亲和图、树状图、矩阵图、优先矩阵图、过程决策程序图法(PDPC)和活动网络图统称为"新七种工具"。"老七种工具"目前仍广泛用于质量改进和质量控制,"新七种工具"是日本科学技术联盟于 1972 年组织一些专家运用运筹学或系统工程的原理和方法,经过多年的研究和现场实践后于 1979 年正式提出用于质量管理的。这新七种工具的提出不是对"老七种工具"的替代而是对它的补充和丰富。

1) 测试

测试是项目质量控制过程的重要组成部分,是用来确认一个项目的品质或性能是否符合需求说明书中所提出的一些要求。软件测试就是在软件投入运行前,对软件需求分析、设计规格说明和编码的最终复审,是软件质量控制的关键步骤。软件测试是为了发现错误而执行程序的过程。软件测试在软件生存期中横跨两个阶段:通常在编写出每一个模块之后就对它做必要的测试(称为单元测试)。编码和单元测试属于软件生存期中的同一个阶段。在结束这个阶段后对软件系统还要进行各种综合测试,这是软件生存期的另一个独立阶段,即测试阶段。

2）检查

检查是指对工作产品进行检视来判断是否符合预期标准。一般来说，检查的结果包含有度量值。检查可在任意工作层次上进行，可以检查单个活动，也可以检查项目的最终产品。检查常常也被叫做评审、同行评审、审计或者走查。在某些应用领域，这些说法有自己特殊或专有的含义。检查也常用于验证缺陷修复的效果。

3）统计抽样

统计抽样指从感兴趣的群体中选取一部分进行检查（例如，从总数为 75 张的工程图纸目录中随机选取 10 张）。适当的抽样往往可以降低质量控制费用。统计抽样已经形成了规模可观的知识体系。

4）六西格玛

六西格玛采用以顾客为中心的评测方法，驱动组织内部各个层次开展持续改进，包括：

（1）单位产品缺陷（Defects Per Unit，DPU）即在运作过程中，每百万次运作所存在的缺陷（Defects Per Million Oppotunities，DPMO），如没有在 4 小时之内答复顾客的询问、发票开具错误等。将 DPU 和 DPMO 作为适用于任何行业——制造业/工程业/行政业/商贸业的绩效度量标准。

（2）组建项目团队，提供积极培训，以使组织增加利润、减少无附加值活动、缩短周期循环时间。

（3）注重支持团队活动的倡导者，他们能帮助团队实施变革，获取充分的资源，使团队工作与组织的战略目标保持一致。

（4）培训具有高素质的经营过程改进专家（有时称为“黑带”选手），他们运用定性和定量的改进工具来实现组织的战略目标。

（5）确保在持续改进过程初期确定合理的测评标准。

（6）委派有资历的过程改进专家，指导项目团队工作。

5）因果图

因果图又叫石川图或鱼骨图，它说明了各种要素是如何与潜在的问题或结果相关联。它可以将各种事件和因素之间的关系用图解表示。它是利用“头脑风暴法”，集思广益，寻找影响质量、时间、成本等问题的潜在因素，然后用图形的形式来表示的一种用的方法，它能帮助我们集中注意搜寻产生问题的根源，并为收集数据指出方向。

画因果图的方法如下：我们在一条直线（也称为脊）的右端写上所要分析的问题，在该直线的两旁画上与该直线成60°夹角的直线（称为大枝），在其端点标上造成问题的原因，再在这些直线上画若干条水平线（称为中枝），在线的端点写出中因,还可以对这些中枝上的原因进一步分析,提出小原因,如此便形成了一张因果图。

6）流程图

用于帮助分析问题发生的缘由。所有过程流程图都具有几项基本要素,即活动、决策点和过程顺序。它表明一个系统的各种要素之间的交互关系。设计审查过程的流程图可协助项目团队预期将在何时、何地发生质量问题,因此有助于应对方法的制定。

7）直方图

直方图/柱形图指一种横道图,可反映各变量的分布。每一栏代表一个问题或情况的一个特征或属性。每个栏的高度代表该种特征或属性出现的相对频率。这种工具通过各栏的形状和宽度来确定问题的根源。

8）检查表

检查表是一种简单的工具,通常用于收集反映事实的数据,便于改进。检查表上记录着可视的内容(如检查记号、Xs),检查表上的数据类内容,则记录得明确、清楚、独一无二,检查表最令人满意的特点是容易记录数据,并能自动地分析这些数据。检查表经常是有水平的列和垂直的行以收集数据,有些检查表还可能包括说明、图解。

9）散点图

散点图显示两个变量之间的关系和规律。通过该工具,质量团队可以研究并确定两个变量的变更之间可能存在的潜在关系。将独立变量和非独立变量以圆点绘制成图形。两个点越接近对角线,两者的关系越紧密。

10）排列图

排列图也被称为帕累托图,是按照发生频率大小顺序绘制的直方图。表示有多少结果是由已确认类型或范畴的原因所造成的。按等级排序的目的是指导如何采取主要纠正措施。项目团队应首先采取措施纠正造成过多数量缺陷的问题。从概念上说,帕累托图与帕累托法则一脉相承,该法则认为:相对来说数量较小的原因往往造成绝大多数的问题或者缺陷。此项法则往往称为二八原理,即80%的问题是20%的原因所造成的。也可使用帕累托图汇总各种类型的数据,进行二八分析。

11）控制图

控制图又叫管理图、趋势图,它是一种带控制界限的质量管理图表。运用控制图的目的之一就是,通过观察控制图上产品质量特性值的分布状况,分析和判断生产过程是否发生了异常,一旦发现异常就要及时采取必要的措施加以消除,使生产过程恢复稳定状态。也可以应用控制图来使生产过程达到统计控制的状态。产品质量特性值的分布是一种统计分布,因此,绘制控制图需要应用概率论的相关理论和知识。

控制图是对生产过程质量的一种记录图形,图上有中心线和上下控制限,并有反映按时间顺序抽取的各样本统计量的数值点。中心线是所控制的统计量的平均值,上下控制界限与中心线相距数倍标准差。多数的制造业应用三倍标准差控制界限,如果有充分的证据也可以使用其他控制界限。

常用的控制图有计量值和记数值两大类,它们分别适用于不同的生产过程;每类又可细分为具体的控制图,如计量值控制图可具体分为均值－极差控制图、单值－移动极差控制图等。

12）相互关系图

相互关系图法,是指用连线图来表示事物相互关系的一种方法。它也叫关系图法。专家们将此绘制成一个表格。图表中各种因素 A,B,C,D,E,F,G 之间有一定的因果关系。其中因素 B 受到因素 A,C,E 的影响,它本身又影响到因素 F,而因素 F 又影响着因素 C 和 G……这样,找出因素之间的因果关系,便于统观全局、分析研究以及拟定出解决问题的措施和计划。

13）亲和图

亲和图也被称为“KJ 法”,是日本川喜二郎提出的。KJ 二字取的是川喜(KAWAJI)英文名字的第一个字母。这一方法是从错综复杂的现象中,用一定的方式来整理思路、抓住思想实质、找出解决问题新途径的方法。KJ 法不同于统计方法。统计方法强调一切用数据说话,而 KJ 法则主要用事实说话,靠“灵感”发现新思想、解决新问题。KJ 法认为许多新思想、新理论都往往是灵机一动、突然发现。但应指出,统计方法和 KJ 法的共同点都是从事实出发,重视根据事实考虑问题。

14）树状图

树状图由方块和箭头构成,形状似树枝,又叫系统图、家谱图、组织图等,是系统地分析、探求实现目标的最好手段的方法。在质量管理中,为了达到某种目的,就需要选择和考虑某一种手段;而为了采取这一手段,又需考虑它下一级的相应的手段。这样,上一级手段就成为下一级手段的行动目的。如此把要达到的目的和所需要的手段按照系统来展开,按照顺序来分解,作出图形,就能对问题有一个全面的认识。然后,从图形中找出问题的重点,提出实现预定目的最理想途径。它是系统工程理论在质量管理中的一种具体运用。

15）矩阵图

矩阵图法,是指借助数学上矩阵的形式,把与问题有对应关系的各个因素列成一个矩阵图:然后,根据矩阵图的特点进行分析,从中确定关键点(或着眼点)的方法。这种方法先把要分析问题的因素分为两犬群(如 R 群和 L 群),把属于因素群 R 的因素(R_1、R_2、…、R_m)和属于因素群 L 的因素(L_1、L_2、…、L_n)分别排列成行和列。在行和列的交点上表示着 R 和 L 的各因素之间的关系，这种关系可用不同的记号予以表示（如用“o”表示有关系等）。这种方法用于多因素分析时，可做到条理清楚、重点突出。它在质量管理中，可用于寻找新产品研制和老产品改进的着眼点，寻找产品质量问题产生的原因等方面。

16）优先矩阵图

优先矩阵图也被认为是矩阵数据分析法，与矩阵图法类似，它能清楚地列出关键数据的格子，将大量数据排列成阵列，能够容易地看到和了解。与达到目的最优先考虑的选择或二者挑一的抉择有关系的数据，用一个简略的、双轴的相互关系图表示出来，相互关系的程度可以用符号或数值来代表。它区别于矩阵图法的是：不是在矩阵图上填符号，而是填数据，形成一个分析数据的矩阵。它是一种定量分析问题的方法。应用这种方法，往往需要借助计算机来求解。

17）过程决策程序图

过程决策程序图法（Process Decision Program Chart，PDPC）。是在制定达到研制目标的计划阶段，对计划执行过程中可能出现的各种障碍及结果作出预测，并相应地提出多种应变计划的一种方法。在计划执行过程中，遇到不利情况时，仍能有条不紊地按第二、第三或其他计划方案进行，以便达到预定的计划目标。

18）活动网络图

活动网络图法又称箭条图法、矢线图法，是网络图在质量管理中的应用。活动网络图法用箭线表示活动，活动之间用节点（称作“事件”）连接，表示“结束—开始”关系，可以用虚工作线表示活动间逻辑关系。每个活动必须用唯一的紧前事件和唯一的紧后事件描述；紧前事件编号要小于紧后事件编号：每一个事件必须有唯一的事件号。

它是计划评审法在质量管理中的具体运用，使质量管理的计划安排具有时间进度内容的一种方法。它有利于从全局出发、统筹安排、抓住关键线路，集中力量，按时和提前完成计划。

一般说来，“老七种工具”的特点是强调用数据说话，重视对制造过程的质量控制；而“新七种工具”则基本是整理、分析语言文字资料（非数据）的方法，着重用来解决全面质量管理中 PDCA 循环的 P（计划）阶段的有关问题。因此，“新七种工具”有助于管理人员整理问题、展开方针目标和安排时间进度。整理问题，可以用相互关系图和亲和图；展开方针目标，可用树状图法、矩阵图和优先矩阵图法；安排时间进度，可用 PDPC 法和活动网络图法。

9.2 案例分析

某市国土资源局委托 B 信息技术有限公司建设该单位的国土资源执法监

察系统建设项目。整个项目中很重要的一部分就是其网上办公系统的建设。由于整个项目的规模较大,因此该单位还聘请了某信息监理公司参与到系统的整个建设过程中来。项目开始初期,监理方也召集了相关单位的中上层领导,对监理的作用及办事流程进行了沟通,提出了"四控三管一协调"的具体措施。项目进行到中期时,该单位的上级主管部门根据国家颁布的一些新制度,对部分办公流程进行了调整。后该单位的信息化小组对相应的信息系统需求进行了调整,并将变更提交给承建方,要求其按照新流程进行系统建设。承建方负责该功能的组织声称由于项目已经到了后期,对系统的更改将会引起大量的返工,因此拒绝接受变更。针对本项目的变更,在整个变更过程中存在一些什么样的问题,正确的做法是什么?

变更控制是针对项目实施中的变更管理建立的一套操作规范和流程。监理方主要负责对变更的初审以及对执行的变更进行过程的监督。在空间信息系统建设中,变更是经常会碰到的事情,这也是信息系统监理存在的必要性,也是监理工作难度之所在。通常情况下,变更都意味着成本的增加和进度的拖延。

在本项目的整个变更过程中,存在的问题如下:

(1) 在整个变更中,监理方基本没有接触;

(2) 由于该需求变更涉及的面较大,各干系人的中高层领导也没有介入,这是导致变更失败的直接原因。

正确的变更应遵循以下流程:

(1) 客户的技术人员提出变更需求,并形成文档,由客户的信息化项目负责人进行审查并签字确认;

(2) 把变更请求提交给监理方,由监理方对变更进行初审,由于造成该需求变更的原因基本上是不可抗因素,因此该变更也就应当被批准;

(3) 监理方召集客户和承建方高层领导对变更进行商讨,变更被批准后,要拿出具体的变更实施方案,并做好成本预算、进度安排的相应调整;

(4) 开始变更的实施,监理方对变更的实施进行监督;

(5) 变更完成后,对变更的效果进行审查,并组织变更报告,向各方进行通报。

9.3 实践应用

某卫星导航综合减灾应用系统的质量管理

为了使某卫星导航系统更好地服务于国家减灾应用,XT 科技有限公司以国家减灾救灾一体化支撑体系发展蓝图为指导,以卫星导航、卫星遥感及卫星通信为主要技术支撑手段,以"数字地球"作为系统建设基础环境,于 2014 年 4 月启动了某卫星导航综合减灾应用系统的建设。由于该项目是一个周期较长、规模较大、技术难度高、沟通协作复杂的大型项目,因此,如何进行有效的项目管理特别是正确的项目质量管理,成为了项目取得成功至关重要的前提和基础。

质量管理是项目管理的基础,质量管理不成功,其他管理便无从谈起。质量管理就是合理运用好质量规划、质量保证和质量控制三个过程及其工具,使项目可交付成果满足既定的质量标准和客户要求的过程。

为了做好该项目的质量管理,项目组采取了以下措施和方法:

1. 明确项目需求,制定质量计划

现代质量管理的一项基本准则是:质量是计划和设计出来的,而不是检查出来的。因此,质量管理的首要问题就是制定科学的质量计划。而"质量是满足要求的程度",其中的"要求"就是需求和期望。因此,如何准确地挖掘需求是制定项目质量计划的前提。

在该项目的实施过程中,项目组采用了调研工作会议和调查表交替进行的工作方式,并结合静态原型系统展示的方法来进行需求调研。通过多次的"系统体验—反馈信息—原型改进"的循环过程,收集了足够的需求信息。同时,项目组成员编制了初步的《质量管理计划》。为了保证质量管理的一致性,项目经理组织相关专家、外单位项目负责人和公司项目成员召开了质量计划专题会议。会上,对该计划进行了进一步讨论,项目实施三方达成了统一认识,确定了最终的《质量管理计划》,明确了质量保证措施、具体责任人、流程、时间点等,并由三方各派一名质量管理员,专门负责智能观测项目的质量管理工作。

2. 利用质量审计,实施质量保证

项目质量保证是所有计划和系统工作实施达到质量计划要求的基础,为项目质量系统的正常运转提供可靠的保证,用于定期评估项目绩效,贯穿于项目实施的全过程。

在执行质量保证的过程中,项目组主要采用了技术审计和管理审计相结合的手段。审计工作由公司的项目管理委员会质量保证部提供支持,由项目实施方派出的质量管理员具体实施,并在质量审计过程中相互约束、监督。对项目审计后《项目质量审计报告》中提出的问题和建议,项目组积极、认真对待,把问题落实到具体责任人并确定改进期限。整改后由项目三方进行验证,并提交项目负责人签字确认,确保问题整改完成。对于好的建议和意见,在项目后续实施中及时采用。

3. 评审、测试结合,执行质量控制

质量控制主要是监督项目的实施结果,将项目的结果与事先制定的质量标准进行比较,找出其存在的差距,并分析形成这一差距的原因。

项目组确定了项目的 5 个重要里程碑,在项目里程碑接近完成时,组织相关专家根据《质量管理计划》进行评审。若评审通过，则将可交付成果提交项目组作为下一阶段的输入；若评审不通过，则及时返回修改。

在系统测试方面，项目组主要执行单元测试、集成测试和系统测试，这部分工作由公司软件测试部派出的专业测试团队完成。单元测试主要是针对软件具体模块的测试，集成测试和系统测试重点测试模块与模块之间、软件系统和硬件物理平台之间的接口。此外，对系统开展试验验证，进行"试验—改进—再试验"的迭代优化，从安全性、可靠性、可用性等多方面进行全面的测试和分析，最后基于某卫星进行了多次的运行化试验。

4. 跟踪项目绩效，严格变更管理

为了提高项目质量，项目组于每周一召开一次周例会，各小组汇报上周工作完成情况和本周工作计划，以跟踪项目实施情况。并采取挣值技术（EVT），每周计算项目挣值，将 PV（计划值）、AC（实际值）、EV（挣值）绘制成"S 曲线"，进行项目偏差分析和趋势预测。

由于项目复杂程度较高、周期较长，项目变更在所难免，关键是管理好项目变更。项目组预先建立了一套规范的变更管理体系和变更控制流程，成立了项目变更控制委员会，在发生变更时遵循规范的变更程序来管理变更。此外，项目组加强系统配置管理，严格系统设计更改和阶段评审，建立软件受控库，实施严格的软件出入库管理，经阶段评审或大型联试、试验后的系统及时入库，确保系统开发过程受控。除了评审和测试，还采用因果图、帕累托图等来分析项目未来质量走势，并将结果和问题返回项目组逐一落实、解决。

通过有效的质量管理，该项目于 2015 年 5 月完成了软/硬件系统的开发和集成工作，并在某卫星地面站成功开展了在轨测试，于 2015 年 6 月顺利通过验收。该系统已经正式上线并运行，取得了良好的效果。

第 10 章　空间信息系统项目人力资源管理

10.1　空间信息系统项目人力资源管理理论

项目中的所有活动,归根结底都是由人来完成的。在项目的所有干系人中,项目团队对项目的实施起到至关重要的作用。如何选对人,如何培养人,如何充分发挥每个人的作用,又如何把人组织成高绩效的团队,对于项目的成败起着至关重要的作用。

在空间信息技术行业,技术发展日新月异,管理难度也相应增大,客户需求多变。项目团队成员的特征是高学历、高素质、流动性强、年轻、个性独立的,而工作强度大又是该行业的显著特征。在这样的行业环境下,如何激发团队成员的事业心、如何把这样的一个个的个体组成战斗力超强的团队,是摆在每一个项目经理面前的课题,这就需要有一套科学的办法来管理项目团队。项目人力资源管理就是来解决这些问题的。

10.1.1　项目人力资源管理及其过程的定义

1. 项目人力资源管理

项目人力资源管理包括制定人力资源管理计划、项目团队组建、团队建设与管理的各个过程,不但要求充分发挥参与项目的个人的作用,还包括充分发挥所有与项目有关的人员——项目负责人、客户、为项目做出贡献的个人及其他人员的作用,也要求充分发挥项目团队的作用。

项目团队包括为完成项目而承担了相应的角色和责任的人员。随着项目的推进,项目所需人员的数量和类型也在不断地变化。团队成员应该参与大多数项目计划和决策工作,这样做是有益的,项目团队成员的早期参与一方面有助于在项目计划过程中吸纳项目团队成员的专家意见,同时能强化他们对项目的承诺,也加强了项目团队之间的沟通。项目团队成员是项目的人力资源。

项目管理团队是项目团队的一个子集,负责诸如编制计划、实施、控制和收尾等项目的管理活动。这一子集也可以称为项目管理小组、核心小组、执行小组或领导小组。对小项目,项目管理的责任可以由整个项目团队来承担或单独由项目经理承担。项目发起人通常协助项目管理团队的工作,如帮助解决项目资金问题、澄清项目范围问题,并为了项目的顺利开展而对他人施加影响。

2. 项目人力资源管理的过程

项目人力资源管理包括如下过程，如表 10－1 所示。

（1）项目人力资源计划编制：确定与识别项目中的角色、分配项目职责和汇报关系，并记录下来形成书面文件，其中也包括项目人员配备管理计划。

（2）项目团队组建：通过调配、招聘等方式得到需要的项目人力资源。

（3）项目团队建设：培养提高团队个人的技能，改进团队工作，提高团队的整体水平以提升项目绩效。

（4）项目团队管理：跟踪团队成员个人的绩效和团队的绩效，提供反馈，解决问题并协调变更以提高项目绩效。

表 10－1　项目人力资源管理知识体系

管理过程	输　入	工具和技术	输　出
制定人力资源计划	活动资源需求 企业环境因素 组织过程资产	组织结构图与职位描述 人际交往 组织理论	人力资源计划
组建项目团队	项目管理计划 企业环境因素 组织过程资产	预分派 谈判 招募 虚拟团队	项目人员分派 资源日历 项目管理计划（更新）
建设项目团队	项目人员分派 项目管理计划 资源日历	人际关系技能 培训 团队建设活动 基本规则 集中办公 认可与奖励	团队绩效评价 企业关键因素（更新）
管理项目团队	项目人员分派 项目管理计划 团队绩效评价 绩效报告 组织过程资产	观察和交谈 项目绩效评估 冲突管理 问题日志 人际关系技能	企业关键因素（更新） 组织过程资产（更新） 变更请求 项目管理计划（更新）

这些过程互相之间有影响，并且同项目管理其他知识领域中的过程相互影响。根据项目的需要，每个过程可能都涉及一个或更多的个人或团队的努力。一般而言，在项目生命期的不同阶段，每个过程至少发生一次。虽然这里列出的过程如同界限分明的一个个独立过程，实际上它们可能以某些不能详述的方式相互重叠或相互影响。

人力资源的一些通用的管理工作，例如劳动合同、福利管理以及佣金等行政管理工作，除项目型组织结构外，项目管理团队很少直接管理这些工作。这些工作一般由组织的人力资源部去统一管理。尽管如此，项目管理团队必须充分意识到行政管理的必要性以确保遵守这些约定。项目经理和项目管理团队也必须使用一般管理技能和一些软的管理技巧去有效地对人进行管理。

在实际管理项目的过程中，对于处理人际关系还涉及许多技能，其中包括：

(1) 领导、沟通、谈判、协商及其他管理技能。

(2) 授权、激励士气、指导、劝告及其他与处理个人关系有关的技能。

(3) 团队建设、冲突解决及其他与处理团队关系有关的技能。

(4) 绩效评定，招聘，留用，劳工关系，健康与安全规定，及其他与管理人力资源有关的技能。

这里绝大多数的技能直接适用于项目经理领导和管理项目成员，而项目经理和项目管理小组应当掌握这些技能。他们还必须敏锐地认识到如何将这些知识在项目中加以运用。例如：

(1) 项目的暂时性特征意味着个人之间和组织之间的关系，总体而言是既短又新的。项目管理小组必须仔细选择适应这种短暂关系的管理技巧。

(2) 项目生命周期中，项目相关的人员的数量、类型和特点会随着项目从一个阶段进入到下一个阶段而有所变化，导致在一个阶段中非常有效的管理技巧到了下一个阶段不一定会有效，项目经理或者项目管理团队应该注意到这一点，以选择适应当前阶段的管理技巧。

(3) 在管理项目的过程中，因为信息系统项目经常变更，整个的项目计划会因为时间、范围、成本等各种变更而变更，这些变更也会引起人力资源的变更。当项目中的成员发生变化时，项目经理或者项目管理团队也应对当前的管理方法做相应的调整。

人力资源管理过程不是独立存在的，需要与项目其他过程交互，这些交互有时需要对计划进行调整，以包括新增的工作。这些工作有：

(1) 在最初的项目团队成员制定工作分解结构之后，可能需要增加新的团队成员。

(2) 随着团队成员的增加，其技能水平会增加风险或降低风险，对此要增加风险应对措施。

(3) 如果在全部项目团队成员确定之前制定了进度计划，则新增项目团队成员的技能水平可能导致进度计划的重新制定。

3. 项目人力资源管理有关概念

项目人力资源管理就是有效地发挥每一个参与项目人员作用，把合适的人组成一个战斗力超强的团队的过程。为了调动团队成员的积极性，就需运用激励理论，促使团队成员产生积极工作的动机。同时在形成团队的过程中，也需

要项目经理发挥领导者的作用,以形成一支高绩效的团队。在这个过程涉及的一些概念简要介绍如下:

(1) 动机:促使人从事某种活动的念头,是促使人做某种活动的一种心理驱动。

(2) 组织结构图:组织结构图以图形表示项目汇报关系。最常用的有层次结构图、矩阵图、文本格式的角色描述等三种。

(3) 责任:把该做的工作做好就是一个员工的责任。

(4) 任务分配矩阵或称责任分配矩阵(Responsibility Allocation Matrix, RAM):用来表示需要完成的工作由哪个团队成员负责的矩阵,或需要完成的工作与哪个团队成员有关的矩阵。

(5) 专门技术:项目经理所具有的其他人觉得很重要的一些专业技术知识。

(6) 员工绩效:员工绩效是指公司的雇员工作的成绩和效果。

10.1.2 项目人力资源计划编制

项目人力资源计划编制过程确定项目的角色、职责以及汇报关系。任务、职责和汇报关系可以分配到个人或团队。这些个人和团队可能属于组织内部,也可能属于组织外部,或者两者的结合。内部团队通常与专职部门如工程部、市场部或会计部等有联系。在大多数项目中,项目人力资源计划编制过程主要作为项目最初阶段的一部分。但是,这一过程的结果应当在项目全生命周期中经常性地复查,以保证它的持续适用性。

如果最初的项目人力资源计划不再有效,就应当立即修正。项目人力资源计划编制过程总是与沟通计划编制过程紧密联系,因为项目组织结构会对项目的沟通需求产生重要影响。在编制项目人力资源计划时,要注意到与项目成本、进度、质量及其他因素相互影响,同时也应注意到其他项目对同类人员的争夺,所以项目要有备选人员。

1. 项目组织结构图

组织理论描述了如何招募合适的人员、如何构建组织以及构建什么样的组织。项目管理团队应该熟悉这些组织理论以快速地明确项目职责和汇报关系。下面就是用于描述项目组织的几种有效的工具:

1) 组织结构图和职位描述

可使用多种形式描述项目的角色和职责,常用的有三种:层次结构图、责任分配矩阵和文本格式。除此之外,在一些分计划(如风险、质量和沟通计划)中也可以列出某些项目的工作分配。无论采用何种形式,都要确保每一个工作包只有一个明确的责任人,而且每一个项目团队成员都非常清楚自己的角色和职责。

传统的组织结构图就是一种典型的层次结构图,它用图形的形式从上至下地描述团体中的角色和关系。

(1) 用工作分解结构(WBS)来确定项目的范围,将项目可交付物分解成工作包即可得到该项目的 WBS。也可以用 WBS 来描述不同层次的职责。

(2) 组织分结构(OBS)与工作分解结构形式上相似,但是它不是根据项目的交付物进行分解,而是根据组织现有的部门、单位或团队进行分解。把项目的活动和工作包列在负责的部门下面。通过这种方式,某个运营部门例如采购部门只要找到自己在 OBS 中的位置就可以了解所有该做的事情。

(3) 资源分解结构(Resolution Breakdown Structure,RBS)是另一种层次结构图,它用来分解项目中各种类型的资源。

2) 矩阵图

反映团队成员个人与其承担的工作之间联系的方法有多种,而责任分配矩阵(RAM)是最直观的方法。在大型项目中,RAM 可以分成多个层级。例如,高层级的 RAM 可以界定团队中的哪个小组负责工作分解结构图中的哪一部分工作(component);而底层级的 RAM 被用来在小组内,为具体活动分配角色、职责和授权层次。矩阵格式又称表格,可以使每个成员看到与自己相关的所有活动以及和某个活动相关的所有成员。责任分配矩阵有时在矩阵中以字母引用。

3) 文本格式

团队成员职责需要详细描述时,可以用文字形式表示。通常提供如下的信息:职责、权利、能力和资格。这些文档有各种称谓如职位描述表、角色 - 职责 - 权利表等。这些描述和表格在项目的整个执行过程中会根据经验教训进行更新,以便为将来的项目提供更好的参考。

4) 项目计划的其他部分

一些和管理项目相关的职责列在项目管理计划的其他部分并做相应解释。例如,风险应对计划列出了风险的负责人,沟通计划列出了那些应该对不同的沟通活动负责的成员,质量计划指定了质量保证和控制活动的负责人。

2. 人力资源模板

虽然每个项目都是独一无二的,但大多数项目会在某种程度上与其他项目类似。运用一个以前类似项目的相应文档,如任务或职责的定义、汇报关系、组织架构图和职位描述,能有助于减少疏漏重大职责,加快项目人力资源计划的编制。

3. 非正式的人际网络

非正式的人际网络也叫交际。通过在本单位内或本行业内的非正式的人际交流,有助于了解那些能影响人员配备方案的人际关系因素。人力资源相关的人际网络活动包括积极主动的交流、餐会、非正式的交流和行业会议。虽然集中进行的人际网络活动在项目开始时非常有用,但是在项目开始前进行的定期沟通更为重要。

4. 人员配备管理计划的作用和内容

项目人力资源计划编制过程也会制定一个项目人员配备管理计划,该计划确定何时、如何招聘项目所需的人力资源、何时释放人力资源、确定项目成员所需的培训、奖励计划、是否必须遵循某些约定、安全问题以及人员配备管理计划对组织的影响等。

10.1.3 组建项目团队

项目团队组织建设过程包括前后的两个子过程:首先获取合适的人员以组成团队,然后建设团队以发挥个人和团队整体的积极性。

1. 组建项目团队

组建项目团队过程包括获得所需的人力资源(个人或团队),将其分配到项目中工作。在大多数情况下,可能无法得到"最理想"的人力资源,但项目管理小组必须保证所用的人员能符合项目的要求。

1) 获取人力资源的依据

人力资源计划包含的基本内容如下:

(1) 角色和职责:角色和职责定义了项目需要的人员的类型以及他们的技能和能力。

(2) 项目的组织结构图:组织结构图提供了项目所需人员及其汇报关系。

(3) 人员配备管理计划:人员配备管理计划和项目进度一起确定了每个项目团队成员需要工作的时间和其他的用以获得项目团队的重要信息。

2) 环境的和组织因素

当招募(即获取)人员时,还要考虑环境的和组织因素,如能力、经验、兴趣、可用性、成本等。

3) 组织过程资产

参与项目的一个或多个组织可能已有管理员工工作分配的政策、指导方针或过程。这些可用来帮助人力资源部门和项目负责人招募、招聘或者培训项目团队成员。

2. 组建项目团队的工具和技术

1) 事先分派

在某些情况下,可以预先将人员分派到项目中。这些情况常常是由于竞标过程中承诺分派特定人员进行项目工作,或者该项目取决于特定人员的专业技能。

2）谈判

人员分派在多数项目中必须通过谈判协商进行。例如项目管理团队可能需要与以下人员协商：

（1）负有相应职责的部门经理。目的是确保所需的员工可以在需要的时间到岗并且一直工作到他们的任务完成。

（2）执行组织中的其他项目管理团队。目的是适当分配稀缺或特殊的人力资源。

3）采购

若执行组织缺少内部工作人员去完成这个项目时，就需要从外部获得必要的服务，包括聘用或分包。

4）虚拟团队

虚拟团队为团队成员的招募提供了新的途径。虚拟团队可以被定义为有共同目标、在完成各自任务过程中很少有时间或者没有时间能面对面工作的一组人员。电子通信设施如 E－mail 或视频会议使这种团队成为可能。通过虚拟团队的形式，我们可以：

（1）在公司内部建立一个由不同地区员工组成的团队。

（2）为项目团队增加特殊技能的专家，即使这个专家不在本地。

3. 现代激励理论体系和基本概念

项目团队建设要发挥每个成员的积极性，发扬团队的团结合作精神，提高团队的绩效，以使项目成功，这是团队共同的奋斗目标。但是怎么才能发挥每个成员的积极性？怎样建设好一个项目团队呢？团队建设作为项目管理中唯一的一个管人的过程，其理论基础和实践经验大多是从人力资源管理理论、组织行为学借鉴的，下面分别从激励理论、X 理论和 Y 理论、领导与管理、影响与能力等 4 个方面介绍。

1）激励理论

激励就是如何发挥员工的工作积极性的方法。典型的激励理论有马斯洛需要层次理论、赫茨伯格的双因素理论和期望理论。

（1）马斯洛需要层次理论。著名的心理学家亚伯拉罕·马斯洛（Abraham Maslow）在 1943 年就首先提出了他的需要层次理论并以此闻名。他认为人类行为有着最独特的性质：爱、自尊、归属感、自我表现以及创造力，从而人类能够自己掌握自己的命运。

马斯洛建立了一个需要层次理论，是一个 5 层的金字塔结构。该理论以金字塔结构的形式表示人们的行为受到一系列需求的引导和刺激，在不同的层次满足不同的需要，才能达到激励的作用。

生理需要：对衣食住行等需要都是生理需要，这类需要的级别最低，人们在转向较高层次的需要之前,总是尽力满足这类需要。安全需要:安全需要包括对人身安全、生活稳定、不致失业以及免遭痛苦、威胁或疾病等的需要。和生理需要一样,在安全需要没有得到满足之前,人们一般不追求更高层的需要。社会交往的需要:社会交往(社交)需要包括对友谊、爱情以及隶属关系的需要。当生理需要和安全需要得到满足后,社交需要就会突出出来,进而产生激励作用。这些需要如果得不到满足,就会影响员工的精神,导致高缺勤率、低生产率、对工作不满及情绪低落。自尊的需要指自尊心和荣誉感。自我实现的需要:指想获得更大的空间以实现自我发展的需要。

在马斯洛需要层次中,底层的 4 种需要——生理、安全、社会、自尊被认为是基本的需要,而自我实现的需要是较高层次的需要。

马斯洛需要层次理论有如下的三个假设:人要生存,他的需求能够影响他的行为,只有未被满足的需要能够影响其行为,已得到满足的需要不再影响其行为(也就是:已被满足的需要失去激励作用,只有满足未被满足的需要才能有激励作用)。人的需要按重要性从低到高排成金字塔形状。当人的某一级的需要得到满足后,才会追求更高一级的需要,如此逐级上升,成为他工作的动机。

项目团队的建设过程中,项目经理需要理解项目团队的每一个成员的需要等级,并据此制订相关的激励措施。例如在生理和安全的需要得到满足的情况下公司的新员工或者新到一个城市工作的员工可能有社会交往的需要。为了满足他们的归属感的需要,有些公司就会专门为这些懂得信息技术的新员工组织一些聚会和社会活动。要注意到不同的人有不同的需要层次和需求种类。

(2) 赫茨伯格的双因素理论。激励因素——保健因素理论是美国的行为科学家弗雷德里克·赫茨伯格(Fredrick Herzberg)提出来的,又称双因素理论。双因素理论认为有两种完全不同的因素影响着人们的工作行为。

第一类是保健因素(Hygiene Factor),这些因素是与工作环境或条件有关的,能防止人们产生不满意感的一类因素,包括工作环境、工资薪水、公司政策、个人生活、管理监督、人际关系等。当保健因素不健全时,人们就会产生不满意感。但即使保健因素很好时,也仅仅可以消除工作中的不满意,却无法增加人们对工作的满意感,所以这些因素是无法起到激励作用的。

第二类是激励因素(Motivator),这些因素是与员工的工作本身或工作内容有关的、能促使人们产生工作满意感的一类因素,是高层次的需要,包括成就、承认、工作本身、责任、发展机会等。当激励因素缺乏时,人们就会缺乏进取心,对工作无所谓,但一旦具备了激励因素,员工则会感觉到强大的激励力量而产生对工作的满意感,所以只有这类因素才能真正激励员工。

(3) 期望理论。由著名的心理学家和行为科学家维克多·弗罗姆(Victor Vroom)于 1964 年在其名著《工作与激励》中首先提出期望理论。期望理论关注的不是人们的需要的类型，而是人们用来获取报酬的思维方式，认为当人们预期某一行为能给个人带来预定结果，且这种结果对个体具有吸引力时，人们就会采取这一特定行动。

期望理论认为，一个目标对人的激励程度受两个因素影响：目标效价，指实现该目标对个人有多大价值的主观判断，如果实现该目标对个人来说很有价值，个人的积极性就高，反之，积极性则低；期望值，指个人对实现该目标可能性大小的主观估计，只有个人认为实现该目标的可能性很大，才会去努力争取实现，从而在较高程度上发挥目标的激励作用，如果个人认为实现该目标的可能性很小，甚至完全没有可能，目标激励作用则小，以至完全没有。

2）X 理论和 Y 理论

道格拉斯·麦格雷戈（Douglas M. McGregor）足美国著名的行为科学家，他在 1957 年 11 月提出了 X 理论和 Y 理论。X 理论和 Y 理论与人性的假设截然相反。

（1）X 理论。X 理论主要体现了独裁型管理者对人性的基本判断，这种假设认为：一般人天性好逸恶劳，只要有可能就会逃避工作；人生来就以自我为中心，漠视组织的要求；人缺乏进取心，逃避责任，甘愿听从指挥，安于现状，没有创造性；人们通常容易受骗，易受人煽动；人们天生反对改革。

崇尚 X 理论的领导者认为，在领导工作中必须对员工采取强制、惩罚和解雇等手段，强迫员工努力工作，对员工应当严格监督、控制和管理。在领导行为上应当实行高度控制和集中管理，在领导风格上采用独裁式的领导方式。

（2）Y 理论。Y 理论对人性的假设与 X 理论完全相反，其主要观点为：一般人天生并不是好逸恶劳，他们热爱工作，从工作得到满足感和成就感；外来的控制和处罚对人们实现组织的目标不是一个有效的办法，下属能够自我确定目标、自我指挥和自我控制；在适当的条件下，人们愿意主动承担责任；大多数人具有一定的想象力和创造力；在现代社会中，人们的智慧和潜能只是部分地得到了发挥。

基于 Y 理论对人的认识，信奉 Y 理论的管理者对员工采取民主型和放任自由型的领导方式，在领导行为上遵循以人为中心的、宽容的及放权的领导原则，使下属目标和组织目标很好地结合起来，为员工的智慧和能力的发挥创造有利的条件。

（3）X 理论和 Y 理论的应用。X 理论和 Y 理论的选择决定管理者处理员工关系的方式。迄今为止，无法证明两个理论哪个更有效。实际上，这两个理论各有自己的长处和不足。用 X 理论可以加强管理，但项目团队成员通常比较被动地工作。用 Y 理论可以激发员工主动性，但对于员工把握工作而言可能又放任过度。我们在应用的时候应该因人、因项目团队发展的阶段而异。

例如，在项目团队的开始阶段，大家互相还不是很熟悉，对项目不是很了解或者还有一种抵触等，这时候需要项目经理运用 X 理论去指导和管理；当项目团队进入执行阶段的时候，成员对项目的目标已经了解，都愿意努力完成项目，这时候可以用 Y 理论去授权团队完成所负责的工作，并提供支持和相应的环境。

3）领导与管理

领导作为名词，指领导人或领导者；作为动词，指领导活动。传统观念认为，领导是指一个人被组织赋予职位和权力，以率领其下属实现组织目标。现代观念认为，领导是一种影响力，是对人们施加影响，从而使人们心甘情愿地为实现组织目标而努力的艺术过程。领导者有责任洞察过程的不确定性，为其负责的组织指引正确的方向，并在必要时引导变革。

管理者是组织依法任命的，负责某个组织或某件事情的管理，是通过调研、计划、组织、实施和控制来实现管理的，以完成更高一层组织交代的任务。

项目经理带领团队管理项目的过程中，具有领导者和管理者的双重身份。越是基层的项目经理，需要的管理能力越强，需要的领导力相对管理能力而言不高。越是高层的项目经理如特大型项目的项目经理，需要的领导力越高，需要的管理能力相对领导力而言不高。到目前为止，还没有一套公认的领导理论，目前主要有“领导行为理论”和“领导权变理论”。

领导行为理论的基本观点是：领导者应该知道要做什么和怎样做才能使工作更有效。集中在如下两个方面：

（1）领导者关注的重点是工作的任务绩效，还是搞好人际关系？

（2）领导者的决策方式即下属的参与程度。典型的领导方式有专断型、民主型和放任型。

领导权变理论的基本观点是：不存在一种普遍适用、唯一正确的领导方式，只有结合具体情景，因时、因地、因事、因人制宜的领导方式，才是有效的领导方式。其基本观点可用下式反映：

$$有效领导 = F(领导者,被领导者,环境)$$

即有效地领导取决于领导者自身、被领导者与领导过程所处的环境。例如，在项目早期团队组建的过程中，或对于新员工，领导方式可以是专断型（或者说独裁式、指导式）；当团队成员熟悉情况后，可以采用民主型甚至可以部分授权。

4）影响和能力

人是组织和项目最重要的资产。有的人是直接向项目经理汇报的，有的人是间接向项目经理汇报的，有的人是不向项目经理汇报的。对于直接汇报的人可以用权力来管，那么怎么管理其他类型的人呢？其实项目经理无论管理哪种类型的人，除运用权力等强制力之外，更重要的是运用项目经理的影响力。影响人们如何工作和如何很好地工作的心理因素包括激励、影响、权力和效率。

（1）激励。前面已介绍了马斯洛建立的需求层次理论、赫茨伯格的激励因素和健康因素等激励理论，此处不再赘述。

（2）影响。泰穆汗和威廉姆对项目经理影响员工的方法做了研究，影响方法有如下9种：

权力：发命令的正当等级权力。

任务分配：项目经理为员工分配工作的能力，让合适的人做合适的事。

预算支配：项目经理自由支配项目资金的能力。

员工升职：根据员工在项目中的表现提拔员工的能力。

薪金待遇：根据员工在项目中的表现给员工提高工资和福利待遇的能力。

实施处罚：根据员工在项目中的不良表现对员工进行处罚的能力。

工作挑战：根据员工完成一项特定任务的喜好来安排其工作，这将是一个内在的刺激因素。

专门技术：项目经理所具有的其他人觉得很重要的一些专业技术知识。

友谊：项目经理和其他人之间建立良好的人际关系的能力。

研究表明，项目经理使用工作挑战和技术特长来激励员工工作往往能取得成功。而当项目经理使用权力、金钱或处罚时，他们常常会失败。

（3）权力。5种基本的权力分别介绍如下：

合法的权力：是指在高级管理层对项目经理的正式授权的基础上，项目经理让员工进行工作的权力。

强制力：是指用惩罚、威胁或者其他的消极手段强迫员工做他们不想做的事。然而，一般强制力对项目团队的建设不是一个很好的方法，通常会带来项目的失败，建议不要经常使用。

专家权力：与泰穆汗和威廉姆的影响因素中的专门技术类似，就是用个人知识和技能让员工改变他们的行为。如果项目经理让员工感到他在某些领域有专长，那么他们就会遵照项目经理的意见行事。

奖励权力：就是使用一些激励措施来引导员工去工作。奖励包括薪金、职位、认可度、特殊的任务以及其他的奖励员工满意行为的手段。大部分奖励理论认为，一些特定的奖励，如富有挑战性的工作、工作成就以及认可度才能真正引导员工改变行为或者努力工作。

感召权力：权力是建立在个人感召权力的基础上。人们非常尊重某些具有感召权力的人，他们会按照他们所说的去做。

以上是项目经理的5种权力类型，建议项目经理最好用奖励权力和专家权力来影响团队成员去做事，尽量避免强制力。并且项耳经理的合法权力、奖励权力和强制力是来自公司的授权，而其他的权力则是来自项目经理本人。

(4) 效率。项目经理可以利用史蒂文总结的高效率的人具备的7种习惯来帮助自己和项目组。这7种习惯分别如下：保持积极状态；从一开始就牢记结果；把最重要的事放在最重要的位置上；考虑双赢；首先去理解别人，然后再被别人理解；获得协同效应；"磨快锯子"。

倾听是一个优秀的项目经理必备的关键技能。

10.1.4 建设项目团队

项目团队建设工作包括提高项目相关人员的技能、改进团队协作、全面改进项目环境，其目标是提高项目的绩效。项目经理应该去招募、建设、维护、激励、领导、启发项目团队以获得团队的高绩效，并达到项目的目标。

1. 项目团队建设的主要目标

在项目的整个生命周期，项目团队建设过程需要项目团队之间建立清晰的、及时的和有效的沟通。项目团队建设的目标包括但不限于如下目标：

(1) 提高项目团队成员的个人技能，以提高他们完成项目活动的能力，与此同时降低成本、缩短工期、改进质量并提高绩效。

(2) 提高项目团队成员之间的信任感和凝聚力，以提高士气，降低冲突，促进团队合作。

(3) 创建动态的、团结合作的团队文化，以促进个人与团队的生产率、团队精神和团队协作，鼓励团队成员之间交叉培训和切磋以共享经验和知识。

有效的团队合作包括在工作负担不平衡的情况下，互相帮助。以符合各自偏好的方式进行交流，共享信息和资源。如果能够尽早进行团队建设，将会越早收效。当然，这个活动应该贯穿整个项目的生命周期。

2. 成功的项目团队的特点

成功的团队具有如下的共同特点：

(1) 团队的目标明确，成员清楚自己的工作对目标的贡献。

(2) 团队的组织结构清晰，岗位明确。

(3) 有成文或习惯的工作流程和方法，而且流程简明有效。

(4) 项目经理对团队成员有明确的考核和评价标准，工作结果公正公开，赏罚分明。

(5) 共同制定并遵守的组织纪律。

(6) 协同工作，也就是一个成员工作需要依赖于另一个成员的结果，善于总结和学习。

3. 项目团队建设的5个阶段

作为一个持续不断的过程，项目团队建设对项目的成功至关重要。在项目的早期，团队建设相对简单，但随着项目的推进，项目团队建设一直在深化。项目环境的改变不可避免，因此团队建设的努力应该不断地进行。项目经理应该持续地监控团队的工作与绩效，以确定为预防或纠正团队问题是否采取相应的行动。优秀的团队不是一蹴而就的，一般要依次经历以下 5 个阶段：

(1) 形成阶段(Forming)：个体成员转变为团队成员，开始形成共同目标，对未来团队往往有美好的期待。

(2) 震荡阶段(Storming)：团队成员开始执行分配的任务，一般会遇到超出预想的困难，希望被现实打破。个体之间开始争执，互相指责，并且开始怀疑项目经理的能力。

(3) 规范阶段(Norming)：经过一定时间的磨合，团队成员之间相互熟悉和了解，矛盾基本解决，项目经理能够得到团队的认可。

(4) 发挥阶段(Performing)：随着相互之间的配合默契和对项目经理的信任，成员积极工作，努力实现目标。这时集体荣誉感非常强，常将团队换成第一称谓，如“我们那个组”“我们部门”等，并会努力捍卫团队声誉。

(5) 结束阶段(Adjouming)：随着项目的结束，团队也被遣散了。

以上的每个阶段按顺序依次出现，至于每个阶段的长短则取决于团队的结构、规模和项目经理的领导力。

由于空间信息行业的高技术、人员年轻和流动性大等特点，因此团队建设非常重要。本来一个企业想得到所需的优秀人才就不容易，把他们组成一个团队协同工作就更难了。在项目的失败原因中，团队建设不善甚至分裂占相当的比例，所以项目团队建设在整个项目管理过程中相当重要。

4. 项目团队建设活动的可能形式和应用

制定项目人力资源管理计划、招募合适的项目成员后，项目经理应努力把他们组成一个团队一起工作来实现项目目标。许多系统集成项目团队中都有不少非常有才能的员工，但是项目的成功不是靠某一个成员的努力，而是靠整个团队的共同努力而达到的。依据项目人力资源管理计划，我们已知要完成项目需要的员工的类型与数量以及何时进入项目、何时退出项目等信息，通过人员招募等手段组成一个项目团队。在项目进行期间，根据绩效报告中反映的项目已完成情况和来自项目外部人员的反馈，再通过使用如下的工具与技术来建设项目团队。

1) 通用管理技能

项目经理综合运用技术的、人际的和理论的技巧去分析形势并恰当地与项目团队沟通。使用恰当的人际关系技巧能够帮助项目经理团结项目团队，以发挥团队集体的力量。人际关系技能有时被称为“软技能”，对于团队建设极为重要。通过了解项目团队成员的感情，预测其行动，了解其后顾之忧，并尽力帮助他们解决问题，项目管理团队可以在很大程度上减少问题的数量，促进合作。在项目管理过程中，影响力、创造力和团队协同等是一笔非常重要的资产。

2）培训

培训包含所有旨在增进项目团队成员能力、提高团队整体能力的活动。培训可以是正式的或者非正式的。培训方法包括课堂培训、在线培训、计算机辅助培训，或来自其他项目成员的指导、辅导、研讨和案例分析等工作培训。

如果项目团队成员缺乏必要的管理或者技术技能，则必须把这些技能的培养作为项目的一部分，或者采取措施重新安排项目的人员。计划中的培训可以按人员配备管理计划实施；未列入计划中的培训，通过观察和交流以及绩效评估后开展。

3）团队建设活动

团队建设活动包括专门的活动和个人行动，首要目的是提高团队绩效。许多行动，例如在计划过程中的工作分解结构之类的团体活动，也许不能明确地当作团队建设，但是如果组织有力的话，同样可以增进团队的凝聚力。另外，为平息和处理人际冲突制定基本规则等，其间接结果都可以提高团队绩效。团队建设可以有多种形式，如日常的评审会议中 5 分钟的议事日程，为了增进关键性项目的相关人员之间的人际关系而设计的专业的团队拓展训练等。

鼓励非正式的沟通和活动也是非常重要的，因为它们在培养信任、建立良好工作关系的过程中起着很重要的作用。团队建设的策略对于那些借助电子化手段在异地工作的、不能面对面交流的虚拟团队来说尤其重要。例如，好多公司采用对新员工进行野外生存训练的办法来培养员工的团结和合作能力，再有就是经常组织一些娱乐活动，在大家娱乐放松的同时让大家互相认识了解，并且给团队一个家的感觉。还有的公司让团队参与智力方面的团队建设活动，这样他们能够更好地了解自己、了解他人以及了解如何最有效地进行合作。了解和重视每个人的不同点以便作为一个团队更有效地工作，这是非常重要的。

4）基本规则

规则界定了对团队成员可以接受行为的明确期望。越早建立清晰的规则，就越能减少误解、提高生产率。讨论基本规则的过程能够使项目成员发现对方认为重要的价值观。规则一旦制定，项目团队所有成员都有责任严格执行。

5）集中办公

集中办公是指将所有或者几乎所有重要的项目团队成员安排在同一个工作地点，以增进他们作为一个团队工作的能力。集中可以是暂时性的，如仅在项目的关键阶段，也可贯穿项目的始终。集中办公的办法需要有一个会议室（有时也称作战室、工程指挥部等），拥有电子通信设备，张贴项目进度表，以及其他便利设施，用以加强交流和培养集体感。尽管集中办公被认为是很好的办法,但虚拟团队减少了项目团队成员同地办公的频率。

6）奖励与表彰

团队建设过程的一部分内容涉及对于积极行为的认可和奖励。关于奖励计划方法的最初计划,是在人力资源计划中确定的。在管理项目团队的过程中,通过绩效考核,以正式的或非正式的方式对成员进行相应的奖励与表彰。应只奖励那些被认可的积极行为。例如,自愿加班以赶上紧张的进度的行为应被认可或者奖励,而计划不周、方法不当、效率不高而导致的加班便不在奖励之列。“输－赢”或“零撕口”奖励制度,只奖励少数成员,如“月度最佳队员奖”的奖励,将会破坏团队的凝聚力。“赢－赢”形式的奖励制度,奖励团队成员都可实现的行为,如按时提交进度报告等,则有助于提高项目团队成员的相互支持。

奖励和认可也必须考虑文化差异。例如,在一些鼓励个人主义的文化背景中实施一套适当的团队奖励是十分困难的。

5. 项目团队绩效评估的主要内容和作用

随着团队建设工作如培训、团队建设和集中办公等措施的实施,项目管理团趴可以进行正式或非正式的团队绩效评估。有效的团队建设方法和活动会提高团队的绩效,因而提高实现项目目标的可能性。团队效率的评估可以包含以下几个指标：

（1）技能的改进,从而使某个个人更高效地完成所分派的任务。

（2）能力和情感方面的改进,从而提高团队能力,帮助团队更好地共同工作。

（3）团队成员流动率降低。

（4）增加团队的凝聚力。可以通过团队成员之间共享信息和经验以及互相帮助等方法来全面提高项目的绩效。

作为执行项目团队全面绩效考评的结果,项目管理团队可能会发现为了改进项目的绩效,要进行专门的培训、指导、训练和支持,甚至采取必要的变更。也可能通过绩效评估,为改进绩效需要增加合适的资源。这些资源和建议应当记录在案,并被转达到有关方面。这一点当团队成员是工会会员、涉及集体协商、受合同相应条款的限制以及其他类似的情况时尤其重要。

10.1.5 管理项目团队

1. 项目团队管理的含义和内容

项目团队管理是指跟踪个人和团队的绩效,提供反馈,解决问题和协调变更,以提高项目的绩效。项目管理团队必须观察团队的行为、管理冲突、解决问题和评估团队成员的绩效。实施项目团队管理后,应将项目人员配备管理计划进行更新,提出变更请求、实现问题的解决,同时为组织绩效评估提供依据,为组织的数据库增加新的经验教训。

在一个矩阵组织中，某个项目成员既向职能部门经理汇报又向项目经理汇报，项目团队的管理就变得很复杂。对这种双重汇报关系的有效管理通常是一个项目成功的关键因素，一般由项目经理负责。

2. 项目团队管理的方法

可以通过如下的工具与技术，实现对项目团队的管理：

1）观察和交谈

观察和交谈用于随时了解团队成员的工作情况和思想状态。项目管理团队监控项目的进展，如完成了哪些可交付成果，让项目成员感到骄傲的成就有哪些，以及人际关系问题等。如果是虚拟团队，这要求项目管理团队进行更加积极主动的、经常性的沟通，不管是面对面还是其他合适的方式。

2）项目绩效评估

在项目实施期间进行绩效评估的目标是澄清角色、责任，从团队成员处得到建设性的反馈，发现一些未知的和未解决的问题，制定个人的培训和训练计划，为将来一段时间制定具体目标。

正式和非正式的项目绩效评估依赖于项目的持续时间、复杂程度、组织政策、劳动合同的要求，以及定期沟通的数量和质量。项目成员需要从其主管那里得到反馈。评估信息的收集也可以采用360°反馈的方法，从那些和项目成员交往的人那里得到相关的评估信息。360°的意思是绩效信息的收集可以来自多个渠道、多个方面，包括上级领导、同级同事和下级同事。

3）问题清单

在管理项目团队的过程中出现的问题，记录在问题清单里有助于知道谁在预定日期前负责解决这个问题。同样，问题的解决有助于项目团队消除阻止其实现项目目标的各种障碍。

3. 冲突管理

1）认识冲突

冲突，就是计划与现实之间的矛盾，或人与人之间不同期望之间的矛盾，或人与人之间利益的矛盾。在管理项目过程中，最主要的冲突有进度、项目优先级、资源、技术、管理过程、成本和个人冲突 7 种。

在项目的各阶段，冲突的排列依次如下：

(1) 概念阶段：项目优先级冲突、管理过程冲突、进度冲突。

(2) 计划阶段：项目优先级冲突、进度冲突、管理过程冲突。

(3) 执行阶段：进度冲突、技术冲突、资源冲突。

(4) 收尾阶段：进度冲突、资源冲突、个人冲突。

团队的基本规则、组织原则、基本标准，以及可行的项目管理经验如制定项目沟通计划、明确定义角色与岗位，都有助于减少冲突。成功的冲突管理可以大大地提高生产力并促进积极的工作关系。如果冲突得以适当的管理，意见的分歧是有益的，可以增加创造力和做出更好的决策。当分歧变成负面因素时，项目团队成员应负责解决他们相互间的冲突。如果冲突升级，项目经理应帮助团队找出一个满意的解决方案。

项目冲突应该被尽早发现，利用私下但直接的、合作的方式来处理冲突。如果冲突持续分裂，那么需要使用正式的处理过程，包括采取惩戒措施。当在一个团队的环境下处理冲突时，项目经理应该认识到冲突的下列特点：

(1) 冲突是自然的，而且要找出一个解决办法。

(2) 冲突是一个团队问题，而不是某人的个人问题。

(3) 应公开地处理冲突。

(4) 冲突的解决应聚焦在问题，而不是人身攻击。

(5) 冲突的解决应聚焦在现在，而不是过去。

2) 冲突的根源

在项目管理环境里，冲突是不可避免的。冲突的根源包括对稀缺资源的争抢、进度的优先级的不同以及每个人工作方式与风格的不同。除此之外，冲突的根源还有如下因素。

(1) 项目的高压环境。项目有明确的开始和结束时间、有限的预算、严格的质量标准等。这些目标相互约束甚至冲突，都会造成项目的紧张和高压环境。

(2) 责任模糊。在多数项目尤其是弱矩阵结构中，项目经理以很小的权力却承担着很大的责任。责任不清或权力责任失衡都会产生冲突。

(3) 存在多个上级。矩阵结构或职能型结构里的项目团队成员来源于职能部门，项目经理在获取人员的时候要和职能经理或者其他项目团队谈判协商以获得内部资源，这样就存在项目中的多重汇报关系，一个成员向多个上级负责，往往会引发冲突。

(4) 新科技的使用。系统集成行业的一个特点就是技术发展快，以至于出现比项目现行使用技术更新的技术，造成大家对各种技术的不同态度和观点，进而引起冲突。

3) 关于冲突的解决

(1) 影响冲突解决的因素。在管理项目团队时，项目经理的成功主要依靠他们解决冲突的能力，不同的项目经理有解决冲突的不同风格。影响冲突解决的因素包括冲突的重要性与强度、解决冲突的时间压力、涉及冲突各方的位置、基于长期解决冲突还是短期解决冲突的动机。

(2) 冲突的解决方法。不管冲突对项目的影响是正面的还是负面的，项目

经理都有责任处理它,以减少冲突对项目的不利影响,增加其对项目积极有利的一面。可以使用如下方法来管理冲突:

① 问题解决(Problem Solving/Confrontation):冲突各方一起积极地定义问题、收集问题的信息、制定解决方案,最后直到选择一个最合适的方案来解决冲突,此时为双赢或多赢。但在这个过程中,需要公开地协商,这是冲突管理中最理想的一种方法。

② 合作(Collaborating):集合多方的观点和意见,得出一个多数人接受和承诺的冲突解决方案。

③ 强制(Forcing):强制就是以牺牲其他各方的观点为代价,强制采纳一方的观点。一般只适用于赢－输这样的零和游戏情景里。

④ 妥协(Compromising):妥协就是冲突的各方协商并且寻找一种能够使冲突各方都有一定程度满意、但冲突各方没有任何一方完全满意、都做一些让步的冲突解决方法。

⑤ 求同存异(Smoothing/Accommodating):求同存异的方法就是冲突各方都关注他们一致的一面,而淡化不一致的一面。一般求同存异要求保持一种友好的气氛,但是回避了解决冲突的根源。也就是让大家都冷静下来,先把工作做完。

⑥ 撤退(Withdrawing/Avoiding)。撤退就是把眼前的或潜在的冲突搁置起来,从冲突中撤退。

10.2 案例分析

汪经理新接手了一个地理空间信息共享服务平台建设项目的管理工作,根据用户的业务需求,该项目要采用一种新的技术架构,项目团队没有应用这种架构的经验。汪经理的管理风格是Y型的,在项目启动之初,为了调动大家的积极性,宣布了多项激励政策;在项目实施过程中,为了激励士气,经常请大家聚餐。由于单位领导属于X型管理风格,很多餐票都不予报销。而在项目实施现场,因工作人员技术不过关,导致一台服务器烧坏,汪经理也悄悄地在项目中给予报销。负责新技术架构的架构师经历了多次失败之后,总算凭着自己的经验和探索搭建出了系统原型。最后,虽然项目实际的进度、成本和质量等目标大体达到了要求,项目也基本通过了验收,但他当初关于奖励的承诺并没有兑现,项目组中的有些成员怨言很多,汪经理有苦难言。

在本项目中,汪经理在人力资源管理方面存在什么问题?他应该如何应用自己的Y型管理风格有效地管理项目?汪经理应如何处理新技术开发和项目管理之间的关系?

汪经理在人力资源管理中存在的问题如下：

(1) 奖励政策没有得到领导的同意、支持；

(2) Y 型的管理风格没有与切实可行的规章制度相结合；

(3) 汪经理的管理风格没有与直接领导的管理风格相协调；

(4) 没有根据项目需要的人力资源计划对人员进行挑选和配置；

(5) 没有对员工进行培训。

针对汪经理的 Y 型管理风格，对外应争取更多的资源、改善工作环境、落实奖励制度；对内应适当放权、授权，鼓励、激励团队成员努力工作。可归纳为：

(1) 要与切实可行的规章制度相结合，与领导的管理风格相一致；

(2) 加强对项目团队成员的培训；

(3) 强调激励与约束并重，进化自己的管理风格。

新技术的使用将会给项目带来技术风险，单位应为汪经理配备相关的技术人员，避免过多的时间用在探索和学习上。对于不能达到项目要求的人员，单位可进行预先培训后再指派到项目中，汪经理也可向单位要求进行新技术培训或招聘掌握该新技术的人员，同时对风险进行分析和防范。

10.3 实践应用

DR 大型遥感测图业务平台项目的人力资源管理

为了拓展业务领域、提升服务质量，DR 信息技术股份有限公司于 2014 年 3 月启动了大型遥感测图业务平台建设项目，并计划于同年 12 月完成系统建设，2015 年 1 月正式发布。该平台是集通用遥感图像处理、GIS 分析、GPS 定位等功能于一体的遥感数据处理系统。系统针对遥感图像处理中的共性技术问题，突破海量数据管理和快速处理技术难题，设计从遥感图像处理分析到高级智能化信息解译等一系列功能，是显示、分析并处理多光谱、雷达以及高光谱数据的强大工具，提供遥感影像分析处理、遥感数据产品生产的可视化集成环境。平台主要由遥感数据处理业务流程控制系统、遥感数据集群处理通用平台、高分辨率遥感影像集群式处理系统、遥感影像智能解译工作站等专业子系统组成。

由于该平台是 DR 公司近年来最重要的软件产品之一，资金、人力投入都非常大，公司信息中心主任亲自担任项目经理，并配备了 50 人的项目团队，因此，如何将人员合理分配到各个团队中，并在各团队之间进行人员的协调是保证项目顺利完成的前提条件。项目人力资源管理就是有效地发挥每一个参与项目人员的作用，让项目的所有相关人员能够在可控状态下有条不紊地进行项目的开发活动。人力资源管理包括组织和管理项目团队所需的所有过程。DR 项目的人力资源管理的主要过程包括如下几个方面：

1. 人员组织计划编制

在制定人力资源的计划时,需要综合衡量人员的成本、生产效率与利用率。对各种岗位人员的能力要求要针对岗位的需求来制定,人员的要求不要过高,以保证刚好适合岗位的要求为宜,太高的话会提高人力成本,低了又不能满足项目的要求。当然,在具体挑选人员的时候不一定能够找到称心如意的,总的原则应该是在保证技能要求的同时,尽量降低人力成本,同时还需要综合考察人员的责任心、职业道德和团队合作能力。

在制定计划的时候还需要注意相关人员的进入项目的时间。在项目的早期,以项目经理和系统分析师为主,进行项目计划、客户接洽和需求分析等前期工作。进入设计阶段后,以软件架构师和软件设计师的工作为主。编程阶段则以设计人员、编程人员和测试人员为主。在系统部署和试运行阶段则以系统工程师和售后工程师工作为主。在整个项目过程中,项目的配制管理人员和测试人员的工作虽然是一直持续着的,但是工作量还是有轻重,在工作量不多的时候,可以将部分暂时闲置人员归还给原来的部门,以减少人员的等待损耗。

2. 项目团队组建

由于每个项目成员都有各自的特长和性格特点,必须要充分考虑项目成员的技能情况和性格特点为他们分配正确的工作,同时还需要考虑项目成员的工作兴趣和爱好。尽量发挥项目成员特长,让每个人从事自己喜爱的工作岗位是项目经理进行工作分配要考虑的问题。各项目成员的知识技能评估,个性特点分析,优点和缺点是要事先分析和考虑的内容。项目团队的组建是否合理,项目相关人员是否满足项目的需求,是项目能够顺利进行的关键,找错了人或者是将人放在错误的位置都可能导致项目的失败。

3. 项目团队管理

我国历史上有过很多以少胜多的战争。如著名的“官渡之战”“淝水之战”都是以少胜多的典范。可以看出打胜仗,军队的数量固然很重要,但是指挥官却决定着军队命运。系统开发和行军打仗很类似,同样的团队在不同的项目经理的领导下,其团队精神、项目进度和开发质量可以截然不同。不管个人能力多么强,如果团队像一盘散沙,谁都不服谁,那么这个项目的结局必然是悲惨的。

项目经理在管理项目的时候,不是要去监视每个开发人员的做事过程,那种事情应该是监工做的。项目经理需要从管理制度、项目的目标、工作氛围和沟通等方面做工作,以保证项目的顺利进行。

1）制定良好的规章制度

所谓“强将手下无弱兵”,没有不合格的兵,只有不合格的元帅。一个强劲的管理者首先是一个规章制度的制定者。规章制度也包含很多层面:纪律条例、组织条例、财务条例、保密条例和奖惩制度等。好的规章制度可能体现在,执行者能感觉到规章制度的存在,但并不觉得规章制度会是一种约束。执行规章制度还有一些考究,破窗理论说明,对于违背规章制度的行为,应该及时制止,否则长期下来,在这种公众麻木不仁的氛围中,一些不良风气、违规行为就会滋生、蔓延且繁荣。项目经理虽然是规章制度的制定者或者监督者,但是更应该成为遵守规章制度的表率。如果项目经理自身都难以遵守,如何要求团队成员做到?

2）建立明确共同的目标

团队中不同角色由于地位和看问题的角度不同,对项目的目标和期望值,会有很大的区别,这是一点也不奇怪的事情。好的项目经理善于捕捉成员间不同的心态,理解他们的需求,帮助他们树立共同的奋斗目标。劲往一处使,使得团队的努力形成合力。

当然,在具体实施需要根据不同的员工给不同的政策。有些员工努力工作是为了使家人的物质生活条件更好一些,那么这类型的员工在进行奖励的时候应该偏物质。而另外一些员工可能觉得事业上的成就感比金钱更具有吸引力,对于这类员工应该多给他们挑战和上升的机会。

3）营造积极进取团结向上的工作氛围

钓过螃蟹的人或许都知道,篓子中放了一群螃蟹,不必盖上盖子,螃蟹是爬不出去的,因为只要有一只想往上爬,其他螃蟹便会纷纷攀附在它的身上,结果是把它拉下来,最后没有一只能够出去。企业里常有一些人,嫉妒别人的成就与杰出表现,天天想尽办法破坏与打压,如果不予去除,久而久之,组织里只剩下一群互相牵制、毫无生命力的“螃蟹”。对于项目组中的不知悔改的“螃蟹”,应该尽早清理出去。对于公司而言,也许历史尚短,还没有形成成熟的企业文化和企业精神,从而造成大环境的不良风气,但是在项目组内部,通过大家的一致努力,完全可能营造出一个积极进取团结向上的工作氛围。

项目经理为了营造这种氛围,需要做这些努力:奖罚分明公正,对于工作成绩突出者一定要让其精神物质双丰收,使出工不出力者受到相应的惩罚;让每个成员承担一定的压力,项目经理不应该成为“所有的苦,所有的累,我都独自承担”的典型,项目经理越轻松,说明管理得越到位;在学术问题讨论上,要民主要平等,不做“学霸”不搞“一言堂”,充分调动每个成员的积极性。在生活中,项目经理需要多关心多照顾项目组成员,让大家都能感受到团队的温暖。

4）良好的沟通能力是解决复杂问题的金钥匙

系统开发项目中,需求变更是最难控制的。瀑布开发模型只适合于一开始时需求就已经明确的项目,但是在实际开发中,往往到了项目的最后阶段还可能提出需求上的变更。这其中的原因是多方面的,正因为如此,在敏捷开发方法中才提出了“拥抱变化”这一口号。

在软件的开发过程中，设计师与程序员，程序员与测试人员之间也需要不断的沟通。同样的内容，不同人的理解可能不同，因此就需要开发人员之间不断地进行沟通。设计的变更、接口的变化，会导致编程的改变和测试的改变，如果各方没有良好的沟通，就可能出现打乱仗的局面。当项目的质量、进度、成本等目标出现变化的时候，项目经理必须向公司领导及时汇报情况，决定如何对项目进行调整。

总之，项目的人力资源管理是一个包括计划、组建和管理到解散的整个生命周期的管理。项目管理在国内还处于发展阶段，人力资源管理这个概念在国内企业中的发展也不是太久。由于传统思想的约束，使得很多西方的人力资源管理思想在国内企业很难贯彻实行。因此，具有我国特色的人力资源管理是目前大家值得探讨的问题。

第 11 章　空间信息系统项目沟通管理

11.1　空间信息系统项目沟通管理理论

在世界经济日益全球化的今天,沟通的重要性越来越被人们所认识。对企业内部而言,人们越来越强调建立学习型的企业,越来越强调团队合作精神,因此有效的企业内部沟通交流是成功的关键;对企业外部而言,为了实现企业之间的强强联合和优势互补,人们需要掌握谈判与合作等沟通技巧;对企业自身而言,为了更好地在现有政策条件允许下,实现企业的发展并服务于社会,也需要处理好企业与政府、企业与公众、企业与媒体等各方面的关系。这些都离不开熟练掌握和应用管理沟通的原理和技巧。

对空间信息系统项目管理而言,建立良好的管理沟通意识,逐渐养成在任何沟通场合下都能够有意识地运用管理沟通的理论和技巧进行有效沟通的习惯,达到事半功倍的效果,显然也是十分重要的。

项目沟通管理包括 5 个过程:识别干系人、规划沟通、发布信息、管理干系人期望和报告绩效,如表 11－1 所示。

表 11－1　项目沟通管理知识体系

管理过程	输　入	工具和技术	输　出
识别干系人	项目章程 采购文件 企业环境因素 组织过程资产	干系人分析 专家判断	干系人登记册 干系人管理
规划沟通	干系人登记册 干系人管理 企业环境因素 组织过程资产	沟通需求分析 沟通技术 沟通模型 沟通方法	沟通管理计划 项目文件(更新)
发布信息	项目管理计划 绩效报告 组织过程资产	沟通方法 发布信息工具	组织过程资产(更新)

（续）

管理过程	输　入	工具和技术	输　出
管理干系人期望	干系人登记册 干系人管理策略 项目管理计划 问题日志 变更日志 组织过程资产	沟通方法 人际关系技能 管理技能	组织过程资产(更新) 变更请求 项目管理计划(更新) 项目文件(更新)
报告绩效	项目管理计划 工作绩效信息 工作绩效测量结果 成本预测 组织过程资产	偏差分析 预测方法 沟通方法 报告系统	绩效报告 组织过程资产(更新) 变更请求

11.1.1　项目沟通管理的基本概念

1. 沟通和沟通管理的含义及特点

沟通就是信息的生成、传递、接收和理解检查的过程。沟通的基本单元是个人与个人的沟通，这是所有沟通的基础。如果作为项目管理者不能熟练地掌握个人与个人的沟通，那么也同样不会掌握多人之间的沟通。

项目沟通管理这一知识领域包括保证及时与恰当地生成、搜集、加工处理、传播、存储、检索与管理项目信息所需的各个过程。项目沟通管理在人员与信息之间提供取得成功所必需的关键联系。项目经理需要花费很多的时间与项目团队、客户、项目干系人和项目发起人进行沟通。每个参与项目的人都应认识到他们作为个人所参与的沟通对项目整体的影响。

2. 沟通模型及有效沟通原则

1）沟通模型

现代管理制度首先对沟通的要求就是有效性原则。沟通是个双向的过程，即发报者产生编码，通过一定的媒介传递到接收者那里，然后通过接收者的理解产生一定的意义。为保证沟通的准确性，接收者还要通过一定的理解和检查的方式与发报者进行反馈，当信息无误的时候，一个沟通过程才算完成。这里面需要注意如下问题：

（1）沟通的发报者有可能是一个人，也有可能是一个团体，例如法规或者标书都属于团体性的信息。

（2）沟通的接收者也可能是一个人、一个团体或者多个团体。

（3）沟通的媒介是相对复杂的，例如语音、文字媒体或网络等方式，甚至小道消息也是一种媒介。

(4) 沟通必然包含理解和检查的过程,如果没有理解和检查的过程,沟通是不能达到要求的。这就像我们做过的传话游戏一样,到了最后消息早已差别很大了。

(5) 沟通还有赖于沟通双方的解释系统,如果不能了解对方的理解方式或者看法,沟通同样也达不到效果。例如我们常说的"对牛弹琴",就是因为沟通的两个主体之间没有共同的理解系统。

(6) 沟通要求一个人具备听、说、读及逻辑推理技能。个体的态度影响着行为。我们对许多事情有自己预先定型的想法及态度,这些态度影响着我们的沟通。沟通活动还受到我们在某一具体问题上所掌握的知识范围的限制。我们无法传递自己不知道的东西,反过来如果我们的知识极为广博,则接收者又可能不理解我们的信息。也就是说,我们关于某一问题的知识量影响着我们要传递的信息。最后,与态度影响行为类似,我们在社会 - 文化系统中所持的观点和见解也影响着行为。我们的信仰和价值观均是文化的一部分,它们都影响到作为沟通信息源的我们。

(7) 信息的特点:信息事实上是经过发报者编码的产品。当我们说话的时候,说出的话是一种信息;当我们写作的时候,写出的内容是另一种信息;当我们绘画的时候,图画是一种信息;胳膊的动作、面部的表情同样也是信息。我们都有过这样的经历:我们说出的或者写出的好像总不能完全表达心中所想表述的东西,于是我们用一个成语——"不可名状"来形容这种状况。

2) 阻碍有效沟通的因素

(1) 沟通双方的物理距离。物理距离越远,信息流失的成分越大,因此对于项目管理而言,我们建议较好的沟遥方式是面对面的沟通,其次是通过视频会议的方式进行,最后是电话沟通和文字沟通。

当然,太近的距离,如在 1 米以内会使双方产生心理上的不适。我们经常看到很多公司的员工非常依赖电话进行日常的沟通,实际上很多时候大家距离并不遥远,只要走几步就可以面对面进行沟通,而电话会损失很多语音语调和语气的内容。

(2) 沟通的环境因素。物理障碍会阻碍沟通的进行,一个典型的物理障碍是突然出现的干扰噪声盖过了说话的声音。其他物理障碍包括人和人之间的障碍物或干扰无线电信号的静电。当物理干扰出现时,人们通常会意识到,并采取相应的措施予以补偿。物理障碍可以转化为积极的因素,方法是通过改善沟通环境,传递者使环境发生改变从而影响接收者的感受和行为。

(3) 缺乏清晰的沟通渠道。这通常是公司内部常见的阻碍沟通的因素。企业的管理层次较多,通常应该给大多数的问题设置沟通渠道。这一点在项目管理中尤为重要。例如，这个项目的维护人员是谁，出现问题应该向哪位工程师请求支援等。没有清晰的沟通渠道往往造成信息流失或者谣言四起，出现问题也不容易分清责任。这都是项目管理中沟通管理的重点。

（4）复杂的组织结构。一般而言，企业的管理层次随着企业规模的扩大而增加，从而影响信息传递的质量和速度。信息传递的过程中经历的层次和环节越多，失真的可能性就越大。同时，企业规模的扩大会带来一定的空间距离，由于空间距离造成的生疏必然反映到沟通上来。这就需要合理设置沟通途径，减少中间环节。企业在建立较完善的管理体系之后，体系内部就形成自上而下的不同层次（高层、中层、基层）；每个层次中划分出不同的职能，设立不同的职能部门；对部门进行层次与职能的划分，就形成了层次体系的组织架构。但是，要使体系内各部分高效运作起来，就需要在组织内各部门和不同层次人员之间，通过一定的沟通工具（如各种会议、电子媒体、意见信箱、内部沟通和布告栏等）建立纵横交错的高效信息沟通网络，确保企业内能顺畅地沟通各种信息，为全员充分参与创造条件，使高层的方针政策能快速、高效地传递到企业各处，并通过监督、答疑等手段，使企业内的员工都能理解并执行。同时，各层次、各部门的人员在执行过程中发现的问题也能及时反馈到相关的层次和职能部门，进行解决、修正和统计分析。

（5）复杂的技术术语。由于空间信息行业日新月异，在不同学科和不同专业领域之间，专业术语的不同也会产生一种语言上的障碍。缩写词对于专业内部的人士来说是非常有用的，它是一种快速的沟通方式。技术术语在专业人士之间是非常便利的沟通工具。但是，不同专业之间则往往由于复杂的技术术语造成沟通的障碍。例如，有些项目经理在学习了项目管理体系以后，往往习惯于利用项目管理知识体系中的专业术语，如 WBS、PERT、SOW 和 EV 等。这当然能够带来一定的方便，也便于项目经理之间的沟通和理解，但是如果项目团队成员不了解这些术语所代表的含义，则反而会带来很多的沟通障碍。因此，项目管理文档中重要的要求之一就是要详细列出所涉及的技术术语所代表的含义，以免出现理解问题。当然，这里的技术术语不限于缩写，很多跨专业的项目需要项目成员互相沟通和学习。这样才能消除技术术语带来的沟通问题。

（6）有害的态度。沟通的第六个障碍就是有害的态度，沟通的双方如果不能将主要精力放在当前沟通的问题上，而对过去的矛盾产生的消极态度进行沟通，无疑沟通是不会有效和充分的。

例如，在进行项目总结会上，大多数的项目经理会总结项目中出现的问题。当然，这些问题会牵扯到某些人或者团体，如果这个时候不能够相对理性地对问题进行探讨，那么完成项目总结会的要求基本是很难做到的。在多方合作的项目中，每一方都代表了一个利益团体，在进行沟通的时候大家往往只关注自己的利益是否能够得到保障,作为项目经理这个时候首先要强调项目的整体性和不可分割性,引导大家先从全局角度分析问题,然后再兼顾各方利益寻求相对最佳解决方案。

11.1.2 识别干系人

识别干系人是识别所有受项目影响的人员或组织,并记录其利益、参与情况和对项目成功的影响过程。在项目的早期就识别干系人,并分析他们的利益、期望、重要性和影响力,对项目成功非常重要。随后可以制定一个策略,用来接触每个干系人并确定其参与项目的程度和时机,以便尽可能提高他们的正面影响,降低潜在的负面影响。在项目执行期间,应定期对上述分析和沟通策略进行审查,以便做出必要调整。

1. 干系人分析

干系人分析是系统的收集和分析各种定量和定性信息,识别出干系人的利益、期望和影响,并将他们与项目目标联系起来。干系人分析通常应遵循以下步骤:

(1) 识别全部潜在项目干系人及其相关信息,包括他们的角色、部门、利益、知识水平、期望和影响力等。可通过对已识别的干系人进行访谈来识别其他干系人,扩充干系人名单,列出全部潜在干系人。

(2) 识别每个干系人可能产生的影响或提供的支持,并将他们分类,以便制定管理策略。在干系人很多的情况下,必须对关键干系人进行排序,以便有效分配精力来了解和管理关键干系人的期望。

(3) 评估关键干系人对不同情况可能做出的反应或应对,以便策划如何对他们施加影响,提高他们的支持或减轻他们的潜在负面影响。

2. 干系人登记册

干系人登记册是识别干系人过程的主要输出,包含关于已识别的干系人的所有详细信息,主要内容如下:

(1) 基本信息:姓名、职位、角色、联系方式等;

(2) 评估信息:需求、期望、对项目的潜在影响等;

(3) 干系人分类:内部/外部,支持者/中立者/反对者等。

3. 干系人管理策略

干系人管理策略提供了在整个项目生命周期中如何提高干系人的支持度,降低干系人的负面影响。包括以下内容:

(1) 对项目有显著影响的关键干系人;

(2) 希望每个干系人参与项目的程度;

(3) 干系人分组以及按组别管理的措施。

11.1.3 规划沟通

规划沟通是确定项目干系人的信息需求,并定义沟通方法的过程。规划沟通过程旨在对干系人的信息和沟通需求做出应对安排。有效的沟通是指用正确的格式、在正确的时间提供信息,并且使信息产生正确的影响。

1. 沟通技术

沟通技术是项目经理在沟通时需要采用的方式和需求考虑的限定条件。影响沟通的技术技术因素包括对信息需求的紧迫性、技术是否到位、预期的项目人员配备、项目的持续时间、项目环境等。项目经理可以采用多种沟通方式,如单独谈话、项目会议、项目简报、通知、项目报告、项目总结等。

2. 沟通管理计划

美国项目管理协会对沟通管理计划编制过程的描述如下:沟通管理计划编制是确定项目干系人的信息与沟通需求的过程,即谁需要何种信息、何时需要以及如何向他们传递。在多数项目中,沟通计划大都是作为项目早期阶段的一部分进行的。但在项目的整个过程中都应对其结果定期检查,并根据需要进行修改,以保证其继续适用性。沟通管理计划的编制往往与企业环境因素和组织影响密切相关,因为项目的组织结构对项目的沟通要求有重大影响。

沟通管理计划应该包括以下内容:

(1) 项目干系人沟通要求;

(2) 对要发布信息的描述,包括格式、内容和详尽程度;

(3) 信息接收的个人或组织;

(4) 传达信息所需的技术或方法,如备忘录、电子邮件和/或新闻发布等;

(5) 沟通频率,如每周沟通等;

(6) 上报过程,对下层无法解决的问题,确定问题上报的时间要求和管理链(名称);

(7) 随项目的进展对沟通管理计划更新与细化的方法;

(8) 通用词语表。

常用的沟通方式的优缺点或特点介绍如下:

(1) 书面与口头、听与说。书面的沟通方式优点是清晰,二义性少,既可以作为备忘录,也可作为双方沟通的证据。而缺点是缺乏人性化,如果某些用语较为生硬的话,容易使双方的关系出现矛盾。

口头的沟通方式较为人性化,也容易使双方充分了解和沟通。但口头的沟通也容易产生问题,例如缺乏沟通的有效证据,当一方的理解和另一方不同时,容易产生较强的分歧。

(2) 对内与对外。项目经理通常采用不同的方式进行对内(项目团队内)

和对外(对顾客、媒体和公众等)的沟通。对内沟通讲求的是效率和准确度,对外沟通强调的是信息的充分和准确。

对内的沟通可以以非正式的方式出现,而对外的沟通要求项目经理以正式的方式进行。

(3) 正式与非正式。通常情况下,正式(如报告、情况介绍会等)的沟通是在项目会议时进行的,而非正式(如备忘录、即兴谈话等)的项目沟通属于大多数场合的方式。

(4) 垂直与水平。垂直方向(从下到上或者从上到下)沟通的特点是:沟通信息传播速度快,准确程度高。水平方向沟通的特点是:复杂程度高,往往不受当事人的控制。

3. 经验教训总结过程

经验教训总结过程强调识别项目成功的经验和失败的教训,包括就如何改进项目的未来绩效提供建议。在项目生命周期中,项目团队和关键项目干系人识别项目技术、管理和过程方面的经验教训。在整个项目期间都需对经验教训进行汇编、格式化以及正式归档。

经验教训总结会议的重点各不相同。有些时候,经验教训总结会着重技术或产品开发过程,而在其他时候可能更加关注那些对工作绩效起到积极或消极作用的过程。如果项目团队认为需要投入额外的资金和时间来处理所收集的大量数据(以进行处理),则可更频繁地收集信息。经验教训为未来的项目团队提供可以提高项目管理效率和效力的信息。另外,阶段末的经验教训总结会为团队建设提供了机会。项目经理的职业责任之一就是在所有项目中,组织内部和外部的关键项目干系人召开经验总结会,特别是在项目成果不尽人意的情况下。

11.1.4 管理干系人期望

管理干系人期望是为满足干系人的需要而与之沟通和协作,并解决所发生的问题的过程。管理干系人期望涉及针对项目干系人开展沟通活动,以便影响他们的期望,处理他们的关注点并解决问题。

一般来说,解决项目干系人之间期望的不同,应以如何对客户有利为原则,但并不意味着不考虑其他项目干系人的需求和期望。对项目管理而言,找到合理的解决方案来满足不同方面的需求是一种最大的挑战。项目干系人对项目的影响会随着项目的推进而逐渐减少。

11.1.5 报告绩效

报告绩效是收集并发布绩效信息的过程。绩效报告是指搜集所有基准数据并向项目干系人提供项目绩效信息。一般来说,绩效信息包括为实现项目目标而输入的资源的使用情况。绩效报告一般应包括范围、进度、成本和质量方面的信息。许多项目也要求在绩效报告中加入风险和采购信息。报告可草拟为综合报告,或者报导特殊情况的专题报告。

1. 绩效报告的形式

绩效报告包括状态报告、进展报告和项目预测。

1）状态报告

描述项目在某一特定时间点所处的项目阶段。状态报告是从达到范围、时间、成本、质量目标上讲项目所处的状态,用量化数据说明项目状态问题。状态报告根据项目干系人的不同,需要有不同的格式。

2）进展报告

描述项目团队在某一特定时间的工作完成情况。信息系统项目中,一般分为周进展报告和月进展报告。项目经理根据项目团队各成员提交的周报或月报提取工作绩效信息,并完成统一的项目进展报告。

3）项目预测

在历史资料和数据基础上预测项目的将来状况与进展,如预计完成项目还需的时间、成本等。

2. 绩效报告的内容

一般来讲,绩效报告需要包括以下内容:

(1) 项目的进展和调整情况;

(2) 项目的完成情况;

(3) 项目总投入、资金到位情况;

(4) 项目资金实际支出情况;

(5) 项目主要效益情况;

(6) 财务制度执行情况;

(7) 项目团队各职能团队的绩效;

(8) 项目执行中存在的问题及改进措施;

(9) 预测——随着项目的进展,根据获得的工作绩效信息对以前的预测进行更新并重新签发;

(10) 变更请求——对项目绩效进行分析后,通常需要对项目的某些方面进行变更,这些变更请求应按整体变更控制过程所描述的办法进行处理;

(11) 其他需要说明的问题。

3. 形成绩效报告的主要步骤

形成绩效报告的主要步骤如下:

1）收集依据材料

绩效报告需要准备一些基础资料,包括需要被评价项目资料的清单、设计调查问卷和编制询证函等。

(1) 拟定收集资料的清单要针对绩效评价所需数据和评议所需资料进行设计,特别要注意收集项目存在的符合管理制度但不能恰当反映项目绩效的内容和数据信息。清单要尽可能以表格的方式反映。

(2) 问卷调查是收集评议资料的有效手段。问卷的问题需要根据评价目的针对评议事项进行设计,同时要反映评价对象的具体特征。例如,工业企业、商业企业和服务业企业的项目绩效问卷内容就应该有显著不同。项目团队可以在实际工作过程中根据具体项目的特点进行调整。通常的项目绩效调查问卷对象包括项目客户、项目团队成员、项目相关部门和财务部门。

(3) 按照项目绩效评价的要求,对于被评价项目内部发生的重大责任事故和安全事故,要作为影响项目绩效的重要因素酌情调减评价分值。

2) 项目绩效评审

由部门的项目评审小组进行项目绩效评审,项目的绩效评审包括企业对项目的期望要求和项目的实际工作差距的评价,以及项目在实施过程中所进行的改进的评价等。不同的企业对项目的要求是不同的,这些都反映在项目绩效评审不同要求的权重上。

11.2 案例分析

李某是YP系统集成公司的项目经理,负责某省公安交通集成指挥平台项目的管理,该项目由多家单位共同完成,李经理所在的公司为项目承担单位,另有某理工大学计算机网络实验室负责网络方面的设计和开发,科技厅下属子公司负责UI方面的设计和开发,另有一家单位负责文档的整理。在项目中,李经理发现项目干系人太多,沟通交流不方便,进度难以协调。虽然项目最终成功,但李经理觉得项目完成得不是很理想。该项目沟通管理方面可能出现哪些问题?李经理应该如何制定沟通计划?在多个单位的沟通中需要注意哪些事项以保证沟通高效顺利地完成?

上述是一个关于多个项目干系人管理的案例,需要识别出多个项目干系人对项目的影响,而如何针对多个项目干系人制定沟通管理计划,将是项目沟通管理的关键。

该项目沟通管理方面可能出现的问题有以下几个方面:

(1) 项目沟通计划不健全;

(2) 对项目干系人的信息分发不到位;

(3) 未能采用项目干系人能接受的沟通风格;

(4) 多个项目干系人对信息的采集不同步或理解有歧义。

沟通管理计划包括项目干系人分析、沟通需求分析和沟通技术。李经理应从以下几个方面制定沟通计划：

(1) 识别项目干系人；

(2) 对项目关系人的信息需求和沟通风格进行分析；

(3) 针对不同的信息需求和沟通风格，使用正确的沟通技术；

(4) 注意信息的同步问题；

(5) 监督信息是否获得正确理解，并在各分承包商中不会有歧义。

本案例中存在多个项目干系人，在和多单位沟通中，应注意项目内外的区别，即对内有分别，对外一致。在和对方沟通时，采用对方能接受的沟通方式。在召开会议之前，做好充分的会议准备，明确会议主题和议题，力求把会议办成高效的、真正能够解决问题的会议。会议结束后应对会议进行记录，会议的决策应逐项落实到相关人员确保执行。

11.3 实践应用

西南某市防汛抗旱指挥决策支持系统项目的沟通管理

防汛抗旱指挥系统是防灾减灾的重要非工程措施，可辅助工程手段，发挥防洪工程体系的最大效益。QT 信息技术有限公司于 2012 年 2 月中标西南某市防汛抗旱指挥决策支持系统的建设，要求于同年 6 月完成系统建设，在汛期来临前系统能够上线投入使用。该系统采用面向服务架构 SOA 设计思想，运用计算机技术、数据库技术、网络通信技术及 3S 技术等现代高新信息技术，以基础地理数据和各类防汛抗旱专题数据为基础，以标准规范和安全体系为保障，以防汛抗旱业务为主线，以支撑防洪抗旱调度决策为核心，全面构建防汛抗旱指挥决策支持系统。

由于该项目时间紧迫、技术要求高、涉及干系人众多、沟通协作复杂，如何进行有效的项目沟通管理，成为了项目取得成功至关重要的前提和基础。QT 公司委派了资深的项目经理管理该项目。项目经理在沟通中担任了协调者、聆听者、解释者等诸多角色，大部分时间都用在沟通上，因此有效的沟通管理是项目成功的关键。项目沟通管理一般包括识别干系人、规划沟通、发布信息、管理干系人期望和报告绩效等五个过程，其目标就是为了确保项目信息的合理收集、存储、传输以及最终处理。

QT 公司对该项目的沟通管理从以下几个方面着手：

1. 编制合理的沟通计划

项目沟通计划是项目整体计划中的一部分，包括确定项目干系人的信息及其沟通需求。在项目启动后，由 QT 公司牵头邀请了该市防汛抗旱指挥中心、水利局、气象局等单位的领导、行业专家以及项目组主要成员共同召开了项目启动大会。会上宣读了项目章程、任命了项目实施方的负责人、明确了项目目标，同时，项目干系人之间也有了初步的认识和了解，为项目后续的进一步沟通奠定了基础。

会后，项目组根据参会人员名单识别出了大部分干系人，并通过对关键干系人调研，了解了他们的沟通需求，最后将完整的干系人信息登记进了《干系人登记册》和《干系人分析矩阵》中。

根据干系人调研的结果，项目组编制了初步的《项目沟通管理计划》。首先，将项目干系人分为三类，分别为：①甲、乙双方领导；②外单位的项目干系人；③我公司的项目成员。其次，针对三类干系人确定了不同的沟通内容：主管领导主要通过面对面或纸质报告向其汇报项目进度、经费使用、风险等情况，外单位项目干系人主要通过会议、电话或邮件形式通报对其可能产生影响的项目变更情况、阶段性成果等，对于公司的项目成员主要通过面对面交流、内部会议、电话、邮件等形式跟踪、监控项目实施情况；此外，确定了由项目经理作为对外和对公司领导的接口人，负责各项沟通工作。最后，通过组织行业专家和关键干系人对初步的《项目沟通管理计划》进行评审，将评审后的《项目沟通管理计划》发送给相关干系人确认并一致认可。

2. 信息发布

信息发布是按照计划向项目干系人提供相关信息的过程。信息发布首先需要收集信息。对于公司内部的项目信息，通过手工存档系统和配置管理系统收集项目进展情况、项目变更信息、经验教训、需要干系人协调的问题等。对于外单位的项目信息，由项目经理于每月月底向外单位的项目经理收集其项目阶段性成果、需要干系人协调的问题等。根据《项目沟通管理计划》，将收集到的信息通过例会、当面汇报、电子邮件、电话、纸质报告等形式进行发布，保证了各干系人及时得到并只得到其所关心的项目信息。

3. 跟踪项目绩效，严格变更管理

在绩效报告方面，项目组采取挣值技术（EVT），每周计算项目挣值，并将PV（计划值）、AC（实际值）、EV（挣值）绘制成“S 曲线”，进行项目偏差分析和趋势预测。同时，我们确定了项目的 4 个重要里程碑，在每个里程碑时点，都会召开阶段评审会议，对阶段性成果和项目绩效进行评审。

由于该项目属于政府财政资金拨款，对于项目进度、质量、经费使用、可交付成果等均有严格的要求。因此，项目组预先建立了一套规范的变更管理体系和变更控制流程，成立了一个由项目实施各方单位领导参加的项目变更控制委员会，并使用配置管理系统完整地记录了变更，在发生变更时遵循规范的变更程序来管理变更。

4. 项目干系人管理

干系人管理就是对项目的沟通进行管理和控制,以满足信息需要者的需求并解决项目干系人之间的问题。除了组织各单位干系人参加诸如项目启动大会、阶段评审会等正式的大型会议,强调共同目标和统一利益。项目组还经常组织项目管理知识培训、技术交流会、户外拓展等活动,加强各单位干系人之间的沟通交流,并安排公司内的项目成员进行集中办公,以提高沟通效率。通过此类措施,项目成员间形成了良好的沟通氛围和愉快的工作环境,项目的各项工作得以顺利、高效开展。

通过有效的沟通管理,该项目于 2012 年 5 月完成了系统的开发和集成工作,于 2012 年 6 月汛期来临前正式上线运行,为该市防汛抗旱指挥决策工作发挥了积极的作用,得到了相关领导的好评。

第 12 章　空间信息系统项目风险管理

12.1　空间信息系统项目风险管理理论

在项目管理中，任何活动都不可避免地存在不确定性，因而也就存在着各种各样的风险。所以，项目管理的理论研究和社会实践者们甚至认为，项目管理其实就是风险管理，项目经理的目标和任务就是与各种各样的风险做斗争。

12.1.1　风险管理概述

1. 风险的定义

风险（Risk）一词，我们在日常生活中经常谈论，但要从理论角度对风险下一个科学的定义并不容易。风险一词在字典中的解释是“损失或伤害的可能性”或“可能发生的危险”，通常人们对风险的理解是“可能发生的问题”。

风险一词包括了两方面的内涵：一是风险意味着出现了损失，或者是未实现预期的目标；二是指这种损失出现与否是一种不确定性随机现象，可以用概率表示出现的可能程度，但不能对出现与否作出确定性判断。

2. 风险的特征

通过对风险含义的分析，可以概括出风险的以下特征：

（1）风险是损失或损害；

（2）风险是一种不确定性；

（3）风险是针对未来的；

（4）风险是客观存在、不以人的意志为转移的，风险的度量不涉及决策人的主观效用和时间偏好；

（5）风险是相对的，尽管风险是客观存在的，但它却依赖于决策目标，同一方案不同的决策目标会带来不同的风险；

（6）风险是预期和后果之间的差异，是实际后果偏离预期结果的可能性。

3. 风险的影响

项目风险是一种不确定事件或状况，一旦发生，会对至少一个项目目标（例如时间、费用、范围或质量目标）产生积极或消极影响。风险的起因可能是一种或多种，风险一旦发生，会产生一项或多项影响。例如，原因之一可能是项目需要申请环境许可证，或者是分配给项目的设计人员有限。而风险事件则是许可证颁发机构颁发许可证需要的时间比原计划长,或者所分配的设计人员不足以完成任务。这两个不确定事件无论发生哪一个,都会对项目的成本、进度或者绩效产生影响。风险状况则可包括项目环境或组织环境中可能促成项目风险的各个方面,例如,项目管理方式欠佳、缺乏整合的管理系统、并行开展多个项目或者过分依赖无法控制的外单位参与者。

4. 风险管理的含义

风险普遍存在,对企业或项目影响很大,加强风险管理格外重要,但在大多数人的眼中,风险是一种偶然性,在风险事件发生以前难以验证,而且风险管理还是一种消极性努力,由此人们时风险的管理往往持消极的态度。因此,风险管理首先要解决态度问题,充分认识风险管理的重要作用。

项目风险管理是一种综合性的管理活动,其理论和实践涉及自然科学、社会科学、工程技术和系统科学等多种学科。随着经济的全球化和社会活动的大型化,各行业正面对着高不确定性的环境条件,面临着不同层面的风险,风险管理已成为当今社会的热门话题。

风险管理,就是要在风险成为影响项目成功的威胁之前,识别、着手处理并消除风险的源头。项目风险管理就是项目管理班子通过风险识别、风险估计和风险评价,并以此为基础合理地使用多种管理方法、技术和手段对项目活动涉及的风险实行有效的控制,采取主动行动,创造条件,尽量扩大风险事件的有利结果,妥善地处理风险事故造成的不利后果,以最少的成本保证安全、可靠地实现项目的总目标。简单地说,项目风险管理就是指对项目风险从识别到分析、评价以及采取应对措施等一系列过程,它包括将积极因素所产生的影响最大化和使消极因素产生的影响最小化两方面的内容。

随着科学技术和社会生产力的迅猛发展,项目的规模化以及技术和组织管理的复杂化突出了项目管理的复杂性和艰巨性。作为项目管理的重要一环,项目风险管理对保证项目实施的成功具有重要的作用和意义:

(1) 项目风险管理能促进项目实施决策的科学化、合理化,降低决策的风险水平;

(2) 项目风险管理能为项目组织提供安全的经营环境;

(3) 项目风险管理能够保障项目组织经营目标的顺利实现;

(4) 项目风险管理能促进项目组织经营效益的提高;

(5) 项目风险管理有利于资源分配达到最佳组合,有利于提高全社会的资金使用效益;

(6) 项目风险管理有利于社会的稳定发展。

项目的风险来源、风险的形成过程、风险潜在的破坏机制、风险的影响范围及风险的破坏力错综复杂,单一的管理技术或单一的工程、技术、财务、组织、教育和程序措施都有局限性,都不能完全奏效。必须综合运用多种方法、手段和措施,才能以最少的成本将各种不利后果减少到最低程度。因此,项目风险管理是一种综合性的管理活动,其理论和实践涉及自然科学、社会科学、工程技术、系统科学和管理科学等多种学科。项目风险管理在风险估计和风险评价中使用概率论、数理统计乃至随机过程的理论和方法。

5. 风险管理的主要活动和流程

项目风险管理过程,一般由若干主要阶段组成,这些阶段不仅其间相互作用,而且与项目管理其他区域也互相影响,每个风险管理阶段的完成都可能需要项目风险管理人员的努力。

美国软件工程研究所(SEI)把风险管理的过程主要分成风险识别(Identify)、风险分析(Analyze)、风险计划(Plan)、风险跟踪(Track)、风险控制(Control)和风险管理沟通(Communicate)6个环节。

项目风险管理就是对项目寿命周期中可能遇到的风险进行预测、识别、评估、分析,并在此基础上有效地处置风险,以最低成本实现最大的安全保障。其中多数过程在整个项目期间都需要更新。项目风险管理的目标在于增加积极事件的概率和影响,降低消极事件的概率和影响。

项目风险管理过程包括如下内容,如表12-1所列:

(1) 风险管理规划:决定如何进行、规划和实施项目风险管理活动;

(2) 风险识别:判断哪些风险会影响项目,并以书面形式记录其特点;

(3) 定性风险分析:对风险概率和影响进行评估和汇总,进而对风险进行排序,以便于随后的进一步分析或行动;

(4) 定量风险分析:就识别的风险对项目总体目标的影响进行定量分析;

(5) 规划风险应对:针对项目目标制订提高机会、降低威胁的方案和行动;

(6) 风险监控:在整个项目生命周期中,跟踪已识别的风险、监测残余风险、识别新风险,实施风险应对计划,并对其有效性进行评估。

表12-1 项目风险管理知识体系

管理过程	输　入	工具和技术	输　出
风险管理规划	项目范围说明书 成本管理计划 进度管理计划 沟通管理计划 企业环境因素 组织过程资产	规划会议和分析	风险管理计划

（续）

管理过程	输　入	工具和技术	输　出
风险识别	风险管理计划 活动估算成本 活动持续时间估算 范围基准 干系人登记册 成本管理计划 进度管理计划 质量管理计划 项目文件 企业环境因素 组织过程资产	文档审查 信息收集技术 核对表分析 假设分析 图解技术 SWOT 分析 专家判断	风险登记册
定性风险分析	风险登记册 风险管理计划 项目范围说明书 组织过程资产	风险概率和影响评估 概率影响矩阵 风险数据质量评估 风险分类 风险紧迫性评估 专家判断	风险登记册(更新)
定量风险分析	风险登记册 风险管理计划 成本管理计划 进度管理计划 组织过程资产	数据收集和表现技术 定量风险分析和建模技术 专家判断	风险登记册(更新)
规划风险应对	风险登记册 风险管理计划	消极风险或威胁的应对策略 积极风险或威胁的应对策略 应急应对策略 专家判断	风险登记册(更新) 与风险相关的合同决策 项目管理计划(更新) 项目文件(更新)
风险监控	风险登记册 风险管理计划 工作绩效信息 绩效报告	风险再评估 风险审计 偏差和趋势分析 技术绩效测量 储备分析 状态审查会	风险登记册(更新) 组织过程资产(更新) 变更请求 项目管理计划(更新) 项目文件(更新)

上述过程不仅彼此交互作用，而且还与其他知识领域的过程交互作用。根据项目需要，每个过程可能需要一人或多人或者几个团队一起工作。每个过程在每个项目中至少出现一次，并在项目一个或多个阶段（如果项目划分为阶段）

中出现。虽然在本章中,过程被描述成界限泾渭分明的独立组成部分,但在实践中,它们却可能交迭和相互作用。

12.1.2 规划风险管理

规划风险管理是定义如何实施项目风险管理活动的过程。规划风险管理非常重要,它可以确保风险管理的程度、类型和可见度与风险以及项目对组织的重要性相匹配,为风险管理活动安排充足的资源和时间,并为评估风险奠定一个共同认可的基础。

1. 风险管理计划的基本内容

风险管理计划描述如何安排与实施项目风险管理,它是项目管理计划的从属计划,包括以下内容:

(1) 方法论。确定实施项目风险管理可使用的方法、工具及数据来源。

(2) 角色与职责。确定风险管理计划中每项活动的领导、支援与风险管理团队的成员组成。为这些角色分配人员并澄清其职责。

(3) 预算。分配资源,并估算风险管理所需费用,将之纳入项目成本基线。

(4) 计时法。确定在项目整个生命周期中实施风险管理过程的次数和频率,并确定应纳入项目进度计划的风险管理活动。

(5) 风险分类。风险分类为确保系统地、持续一致地、有效地进行风险识别提供了基础,为风险管理工作提供了一个框架。组织可使用先前准备的典型风险分类。风险分解结构(Resources Breakdown Structure,RBS)是提供该框架的有法之一,不过该结构也可通过简单列明项目的各个方面表述出来。在风险识别过程中需对风险类别进行重新审核,较好的做法是在风险识别过程之前,先在风险管理规划过程中对风险类别进行审查。在将先前项目的风险类别应用到现行项目之前,可能需要对原有风险类别进行调整或扩展来适应当前情况。风险分解结构列出了一个类型项目中可能发生的风险分类和风险子分类。不同的RBS适用于不同类型的项目和组织,这种方法的一个好处是提醒风险识别人员风险产生的原因是多种多样的。

(6) 风险概率和影响的定义。为确保风险定性分析过程的质量和可信度,要求界定不同层次的风险概率和影响。在风险计划制定过程中,通用的风险概率水平和影响水平的界定将依据个别项目的具体情况进行调整,以便在风险定性分析过程应用。

(7) 概率和影响矩阵。根据风险可能对实现项目目标产生的潜在影响,进行风险优先排序。风险优先排序的典型方法是借用对照表或概率和影响矩阵形式。通常由组织界定哪些风险概率和影响组合是具有较高、中等或较低的重要性,据此可确定相应风险应对规划。在风险管理规划过程可以进行审查并根据具体项目进行调整。

(8) 修改的利害关系者承受度。可在风险管理规划过程中对利害关系者的承受水平进行修订,以适用于具体项目。

(9) 汇报格式。阐述风险登记单的内容和格式,以及所需的任何其他风险报告。界定如何对风险管理过程的成果进行记录、分析和沟通。

(10) 跟踪。说明如何记录风险活动的各个方面,以便供当前项目使用,或满足未来需求或满足经验教训总结过程的需要。说明是否对风险管理过程进行审计、如何审计。

2. 风险管理计划的其他内容

风险管理计划的其他内容包括角色和职责、风险分析定义、低风险、中等风险和高风险的风险限界值、进行项目风险管理所需的成本和时间。

很多项目除了编制风险管理计划之外,还有应急计划和应急储备。

(1) 应急计划。是指当一项可能的风险事件实际发生时项目团队将采取的预先确定的措施。例如,当项目经理根据一个新的软件产品开发的实际进展情况,预计到该软件开发成果将不能及时集成到正在按合同进行的信息系统项目中时,他们就会启动应急计划,例如采用对现有版本的软件产品进行少量的必要更动的措施。

(2) 应急储备。是指根据项目发起人的规定,如果项目范围或者质量发生变更,这一部分资金可以减少成本或进度风险。例如,如果由于员工对一些新技术的使用缺乏经验,而导致项目偏离轨迹,那么项目发起人可以从应急储备中拨出一部分资金,雇用外部的顾问,为项目成员使用新技术提供培训和咨询。

3. 制定风险管理计划的工具与技术

制定项目风险计划需要利用一些专门的技术和工具,如项目工作分解结构WBS、风险核对表技术、风险管理表格、风险数据库模式等。工作分解结构技术已在本书前面的章节介绍,下面仅就风险核对表法、风险管理表格和风险数据库模式作简单介绍。

1) 风险核对表法

核对表是基于以前类比项目信息及其他相关信息编制的风险识别核对图表。核对表一般按照风险来源排列。利用核对表进行风险识别的主要优点是快而简单,缺点是受到项目可比性的限制。

人们考虑问题有联想习惯。在过去经验的启示下,思想常常变得很活跃,浮想联翩。风险识别实际是关于将来风险事件的设想,是一种预测。如果把人们经历过的风险事件及其来源罗列出来,写成一张核对表,那么,项目管理人员看了就容易开阔思路,容易想到本项目会有哪些潜在的风险。核对表可以包含多种内容,例如以前项目成功或失败的原因、项目其他方面规划的结果(范围、成本、质量、进度、采购与合同、人力资源与沟通等计划成果)、项目产品或服务的说明书、项目班子成员的技能及项目可用资源等。还可以到保险公司去索取资料,认真研究其中的保险例外,这些东西能够提醒还有哪些风险尚未考虑到。

2) 风险管理表格

风险管理表格记录着管理风险的基本信息。风险管理表格是一种系统地记录风险信息并跟踪到底的方式。

3) 风险数据库模式

风险数据库表明了识别风险和相关的信息组织方式,它将风险信息组织起来供人们查询、跟踪状态、排序和产生报告。一个简单的电子表格可作为风险数据库的一种实现,因为它能自动完成排序、报告等。风险数据库的实际内容不是计划的一部分,因为风险是动态的,并随着时间的变化而改变。

12.1.3 风险识别

风险识别就是确定风险的来源、风险产生的条件、描述其风险特征和确定哪些风险事件有可能影响项目,并将其特性记载成文的管理活动。

1. 风险事件和风险识别含义

风险事故是造成损失的直接或外在的原因,是损失的媒介物,即风险只有通过风险事故的发生才能导致损失。就某一事件来说,如果它是造成损失的直接原因,那么它就是风险事故;而在其他条件下,如果它是造成损失的间接原因,它便成为风险因素。

风险识别是项目风险管理的基础和重要组成部分,通过风险识别,可以将那些可能给项目带来危害和机遇的风险因素识别出来,把风险管理的注意力集中到具体的项目上来。

2. 项目风险识别的特点

(1) 全员性。项目风险的识别不只是项目经理或项目组个别人的工作,而是项目组全体成员参与并共同完成的任务。因为每个项目组成员的工作都会有风险,每个项目组成员都有各自的项目经历和项目风险管理经验。

(2) 系统性。项目风险无处不在,无时不有,决定了风险识别的系统性。即项目寿命期过程中的风险都属于风险识别的范围。

(3) 动态性。风险识别并不是一次性的,在项目计划、实施甚至收尾阶段都要进行风险识别。根据项目内部条件、外部环境以及项目范围的变化情况,适时、定期进行项目风险识别是非常必要和重要的。因此,风险识别在项目开始、每个项目阶段中间、主要范围变更批准之前进行。它必须贯穿于项目全过程。

(4) 信息依赖性。风险识别需要做许多基础性工作,其中重要的一项工作是收集相关的项目信息。信息的全面性、及时性、准确性和动态性决定了项目风险识别工作的质量和结果的可靠性与精确性,项目风险识别具有信息依赖性。

(5) 综合性。风险识别是一项综合性较强的工作,除了在人员参与、信息收集和范围等方面具有综合性特点外,风险识别过程中还要综合应用各种风险识别的技术和工具。

3. 风险识别的参与者

风险识别是一项反复过程。随着项目生命周期的推进,新风险可能会不断出现。风险识别反复的频率以及谁参与识别过程都会因项目而异。风险识别不是一次就可以完成的,应当在项目的整个生命周期自始至终定期进行。参加风险识别的人员通常可包括项目经理、项目团队成员、风险管理团队(如有)、项目团队之外的相关领域专家、顾客、最终用户、项目相关干系人和风险管理专家。虽然上述人员是风险识别过程的关键参与者,但应鼓励所有项目人员参与风险的识别。值得特别强调的是,项目团队应自始至终全过程参与风险识别过程,以便针对风险及其应对措施的形成保持一种责任感。

4. 风险识别的步骤

风险识别一般可分三步进行:

(1) 收集资料。资料和数据能否到手、是否完整必然会影响项目风险损失的大小。能帮助我们识别风险的资料包括项目产品或服务的说明书;项目的前提、假设和制约因素;与本项目类似的案例。

(2) 风险形势估计。风险形势估计是要明确项目的目标、战略、战术、实现项目目标的手段和资源以及项目的前提和假设,以正确确定项目及其环境的变数。

(3) 根据直接或间接的症状将潜在的风险识别出来。风险识别首先需要对制定的项目计划、项目假设条件和约束因素、与本项目具有可比性的已有项目的文档及其他信息进行综合汇审。风险的识别可以从原因查结果,也可以从结果反过来找原因。

5. 风险识别的具体方法

在具体识别风险时,需要综合利用一些专门技术和工具,以保证高效率地识别风险并不发生遗漏,这些方法包括德尔菲法、头脑风暴法、SWOT 分析法、检查表法和图解技术等。现将方法简要介绍如下:

1) 德尔菲法

德尔菲法是众多专家就某一专题达成一致意见的一种方法。项目风险管理专家以匿名方式参与此项活动。主持人用问卷征询有关重要项目风险的见解,问卷的答案交回并汇总后,随即在专家之中传阅,请他们进一步发表意见。

此项过程进行若干轮之后,就不难得出关于主要项目风险的一致看法。德尔菲法有助于减少数据中的偏倚,并防止任何个人对结果不适当地产生过大的影响。

2）头脑风暴法

头脑风暴法的目的是取得一份综合的风险清单。头脑风暴法通常由项目团队主持,也可邀请多学科专家来实施此项技术。在一位主持人的推动下,与会人员就项目的风险进行集思广益。可以以风险类别作为基础框架,再对风险进行分门别类,并进一步对其定义加以明确。

3）SWOT 分析法

SWOT 分析法是一种环境分析方法。SWOT 是英文 Strength(优势)、Weakness(劣势)、Opportunity(机遇)和 Threat(挑战)的简写。分析从项目的每一个优势、劣势、机会和威胁出发,对项目进行考查,将产生于内部的风险都包括在内,从而更全面地考虑风险。

4）检查表法

检查表(Checldist)是管理中用来记录和整理数据的常用工具,用它进行风险识别时,将项目可能发生的许多潜在风险列于一个表上,供识别人员进行检查核对,用来判别某项目是否存在表中所列或类似的风险。检查表中所列都是历史上类似项目曾发生过的风险,是项目风险管理经验的结晶,对项目管理人员具有开阔思路、启发联想、抛砖引玉的作用。一个成熟的项目公司或项目组织要掌握丰富的风险识别检查表工具。

5）图解技术

图解技术包括如下内容:

(1）因果图。又被称作石川图或鱼骨图,用于识别风险的成因。

(2）系统或过程流程图。显示系统的各要素之间如何相互联系以及因果传导机制。

(3）影响图。显示因果影响。

12.1.4 实施定性风险分析

定性风险分析指通过考虑风险发生的概率,风险发生后对项目目标及其他因素(即费用、进度、范围和质量风险承受度水平)的影响,对已识别风险的优先级进行评估。

通过概率和影响级别定义以及专家访谈,可有助于纠正该过程所使用的数据中的偏差。相关风险行动的时间紧迫性可能会夸大风险的严重程度。对目前已掌握的项目风险信息的质量进行评估,有助于理解有关风险对项目重要性的评估结果。

定性风险分析的技术方法有风险概率与影响评估法、概率和影响矩阵、风险紧迫性评估等。

1. 风险概率与影响评估

风险概率分析指调查每项具体风险发生的可能性。风险影响评估旨在分析风险对项目目标(如时间、费用、范围或质量)的潜在影响,既包括消极影响或威胁,也包括积极影响或机会。可通过挑选对风险类别熟悉的人员,采用召开会议或进行访谈等方式对风险进行评估。其中,包括项目团队成员和项目外部的专业人士。组织的历史数据库中关于风险方面的信息可能寥寥无几,此时,需要专家做出判断。由于参与者可能不具有风险评估方面的任何经验,因此需要由经验丰富的主持人引导讨论。

在访谈或会议期间,对每项风险的概率级别及其对每项目标的影响进行评估。其中,也需要记载相关的说明信息,包括确定概率和影响级别所依赖的假设条件等。根据风险管理计划中给定的定义,确定风险概率和影响的等级。有时,风险概率和影响明显很低,此种情况下,不会对之进行等级排序,而是作为待观察项目列入清单中,供将来进一步监测。

2. 概率和影响矩阵

根据评定的风险概率和影响级别,对风险进行等级评定。通常采用参照表的形式或概率影响矩阵的形式,评估每项风险的重要性及其紧迫程度。概率和影响矩阵形式规定了各种风险概率和影响组合,并规定哪些组合被评定为高重要性、中重要性或低重要性。对目标的影响(比率标度,如费用、时间或范围)每一风险按其发生概率及一旦发生所造成的影响评定级别。矩阵中所示组织规定的低风险、中等风险与高风险的临界值确定了风险的得分。

组织应确定哪种风险概率和影响的组合可被评定为高风险(红灯状态)、中等风险(黄灯状态)或低风险(绿灯状态)。在黑白两种色彩组成的矩阵中,这些不同的状态可分别用不同深度的灰色代表,深灰色(数值最大的区域)代表高风险,中度灰色区域(数值最小)代表低风险,而浅灰色区域(数值介于最大和最小值之间)代表中等程度风险。通常,由组织在项目开展之前提前界定风险等级评定程序。风险分值可为风险应对措施提供指导。例如,如果风险发生会对项目目标产生不利影响(即威胁),并且处于矩阵高风险(深灰色)区域,可能就需要采取重点措施,并采取积极的应对策略。而对于处于低风险区域(中度灰色)的威胁,只需将之放入待观察风险清单或分配应急储备额外,不需采取任何其他立即直接管理措施。同样,对于处于高风险(深灰色)区域的机会,最容易实现而且能够带来最大的利益,所以,应先以此为工作重点。对于低风险(中度灰色)区域的机会,应对之进行监测。

3. 风险分类

可按照风险来源(使用风险分解矩阵)、受影响的项目区域(使用工作分解结构)或其他分类标准(例如项目阶段)对项目风险进行分类,以确定受不确定性影响最大的项目区域。根据共同的根本原因对风险进行分类,有助于制定有效的风险应对措施。

4. 风险紧迫性评估

需要近期采取应对措施的风险可被视为亟需解决的风险。实施风险应对措施所需的时间、风险征兆、警告和风险等级都可作为确定风险优先级或紧迫性的指标。

12.1.5 实施定量风险分析

定量风险分析是指对定性风险分析过程中识别出的对项目需求存在潜在重大影响而排序在先的风险进行的量化分析,并就风险分配一个数值。风险定量分析是在不确定情况下进行决策的一种量化的方法。

实施定量风险分析主要采用数据收集和表现技术、定量风险分析和建模技术、专家判断等技术。

1. 数据收集和表现技术

数据收集和表现技术主要有访谈和概率分布。

1）访谈

访谈技术利用经验和历史数据对风险概率及其对项目目标的影响进行量化分析。所需的信息取决于所用的概率分布类型。在风险访谈中,应该记录风险区间的合理性及其所依据的假设条件,以便洞察风险分析的可靠性和可信度。

2）概率分布

在建模和模拟中广泛使用的连续概率分布代表着数值的不确定性。而不连续分布则用于表示不确定性事件。如果在具体的最高值和最低值之间没有哪个数值的可能性比其他数值更高,就只能均匀分布。

2. 定性风险分析和建模技术

常用的技术包括面向事件和面向项目的分析方法。

1）敏感性分析

敏感性分析有助于确定哪些风险对项目具有最大的潜在影响。将所有其他不确定因素都固定在基准值,再来考察每个因素的变化对目标产生多大程度的影响。敏感性分析的常见表现形式是龙卷风图,用于比较很不确定的变量与相对稳定的变量之间的相对重要性和相对影响。

2）预期货币价值分析

期望货币值(EMV)是一个统计概念,用以计算在将来某种情况发生或不发生情况下的平均结算(即不确定状态下的分析)。机会的期望货币价值一般表示为正数,而风险的期望货币价值一般被表示为负数。每个列可能结果的数值与其发生概率相乘之后加总,即得出期望货币价值。这种分析最通常的用途是决策树分析。

3）建模和模拟

项目模拟旨在使用一个模型计算项目各细节方面的不确定性对项目目标的潜在影响。反复模拟通常采用蒙特卡罗(Monte Carlo)技术,也称为随机模拟法。其基本思路是首先建立一个概率模型或随机过程,使它的参数等于问题的解,然后通过对模型或过程的观察计算所求参数的统计特征,最后给出所求问题的近似值,解的精度可以用估计值的标准误差表示。

在这种模拟中,项目模型经过多次计算(叠加),其随机依据值来自于根据每项变量的概率分布,为每个叠加过程选择的概率分布函数(例如项目元素的费用或进度活动的持续时间),据此计算概率分布(例如总费用或完成日期)。对于成本风险分析,模拟可用传统的项目工作分解结构或成本分解结构作为模型。对于进度风险分析,可用优先顺序图法(PDM)进度。

3. 专家判断

专家判断用于识别风险对成本和进度的潜在影响,估算概率以及定义各种分析方法所需的输入。专家判断还可在数据解释中发挥作用。专家应该能够识别各种分析方法的劣势和优势。专家还可以根据组织的能力和文化,决定某个特定方法应该在何时使用或不应该在何时使用。

12.1.6 规划风险应对

通过对项目风险识别、估计和评价,把项目风险发生的概率、损失严重程度以及其他因素综合起来考虑,可得出项目发生各种风险的可能性及其危害程序,再与公认的安全指标相比较,就可确定项目的危险等级,从而决定应采取什么样的措施以及控制措施应采取到什么程度。风险应对就是对项目风险提出处置意见和办法。项目风险的应对包括对风险有利机会的跟踪和对风险不利影响的控制。因此,风险应对规划策略可概括如下。

1. 消极风险或威胁的应对策略

通常,使用4种策略应对可能对项目目标存在消极影响的风险或威胁。这些策略分别是规避、转移、减轻和接受。

1）规避

规避风险是指改变项目计划,以排除风险或条件,或者保护项目目标,使其不受影响,或对受到威胁的一些目标放松要求。例如,延长进度或减少范围等。但是,这是相对保守的风险对策,在规避风险的同时,也就彻底放弃了项目带给我们的各种收益和发展机会。

规避风险的另一个重要的策略是排除风险的起源,即利用分隔将风险源隔离于项目进行的路径之外。事先评估或筛选适合于本身能力的风险环境进入经营,包括细分市场的选择、供货商的筛选等,或选择放弃某项环境领域,以准确预见并有效防范完全消除风险的威胁。

我们经常听到的项目风险管理20/80规律告诉我们,项目所有风险中对项目产生80%威胁的只是20%的风险,因此要集中力量去规避这20%的最危险的风险。

2）转移

转移风险是指设法将风险的后果连同应对的责任转移到他方身上。转移风险实际只是把风险损失的部分或全部以正当理由让他方承担,而并非将其拔除。对于金融风险而言,风险转移策略最有效。风险转移策略几乎总需要向风险承担者支付风险费用。转移工具丰富多样,包括但不限于利用保险、履约保证书、担保书和保证书。出售或外包将自己不擅长的或自己开展风险较大的一部分业务委托他人帮助开展,集中力量在自己的核心业务上,从而有效地转移了风险。同时,可以利用合同将具体风险的责任转移给另一方。在多数情况下,使用费用加成合同可将费用风险转移给买方,如果项目的设计是稳定的,可以用固定总价合同把风险转移给卖方。有条件的企业可运用一些定量化的风险决策分析方法和工具,来粗算优化保险方案。

3）减轻

减轻是指设法把不利的风险事件的概率或后果降低到一个可接受的临界值。提前采取行动减少风险发生的概率或者减少其对项目所造成的影响,比在风险发生后亡羊补牢进行的补救要有效得多。如果不可能降低风险的概率,则减轻风险的应对措施是应设法减轻风险的影响,其着眼于决定影响的严重程度的连接点上。

4）接受

采取该策略的原因在于很少可以消除项目的所有风险。采取此项措施表明,已经决定不打算为处置某项风险而改变项目计划,无法找到任何其他应对良策的情况下,或者为应对风险而采取的对策所需要付出的代价太高(尤其是当该风险发生的概率很小时),往往采用“接受”这一措施。针对机会或威胁,均可采取该项策略。该策略可分为主动或被动方式。最常见的主动接受风险的方式就是建立应急储备,应对已知或潜在的未知威胁或机会。被动地接受风险则不要求采取任何行动,将其留给项目团队,待风险发生时视情况进行处理。

2. 积极风险或机会的应对策略

通常,使用三种策略应对可能对项目目标存在积极影响的风险。这些策略分别是开拓、分享和提高。

1）开拓

如果组织希望确保机会得以实现，可就具有积极影响的风险采取该策略。该项策略的目的在于通过确保机会肯定实现而消除与特定积极风险相关的不确定性。直接开拓措施包括为项目分配更多的有能力的资源，以便缩短完成时间或实现超过最初预期的高质量。

2）分享

分享积极风险是指将风险的责任分配给最能为项目的利益获取机会的第三方，包括建立风险分享合作关系，或专门为机会管理目的的形成团队、特殊目的的项目公司或合作合资企业。

3）提高

该策略旨在通过提高积极风险的概率或其积极影响，识别并最大程度发挥这些积极风险的驱动因素，致力于改变机会的“大小”。通过促进或增强机会的成因，积极强化其触发条件，提高机会发生的概率，也可着重针对影响驱动因素以提高项目机会。

12.1.7 风险监控

当人们认识事物的存在、发生和发展的原因和规律时，事物就基本上是可控的。项目风险也是这样，通过项目风险的识别与度量，人们已识别出项目的绝大多数风险，只要能够在此基础上得到足够的有关项目风险的信息，就可以采取正确的项目风险应对措施，实现对项目风险的有效控制。风险控制就是为了改变项目管理组织所承受的风险程度，采取一定的风险处置措施，以最大限度地降低风险事故发生的概率和减小损失幅度的项目管理活动。

风险监控就是要跟踪风险，识别剩余风险和新出现的风险，修改风险管理计划，保证风险计划的实施，并评估消减风险的效果，从而保证风险管理能达到预期的目标，它是项目实施过程中的一项重要工作。

监控风险实际上是监视项目的进展和项目环境，即项目情况的变化。其目的是：核对风险管理策略和措施的实际效果是否与预见的相同；寻找机会发送和细化风险规避计划，获取反馈信息，以便将来的决策更符合实际。在风险监控过程中，及时发现那些新出现的以及预先制定的策略或措施不见效或性质随着时间的推延而发生变化的风险，然后及时反馈，并根据对项目的影响程度，重新进行风险规划、识别、估计、评价和应对，同时还应对每一风险事件制定成败标准和判据。

1. 风险监控的目的

风险监控的基本目的是以某种方式驾驭风险，保证项目可靠、高效地完成项目目标。

由于项目风险具有复杂性、变动性、突发性和超前性等特点，风险监控应该围绕项目风险的基本问题，制定科学的风险监控标准，采用系统的管理方法，建立有效的风险预警系统，做好应急计划，实施高效的项目风险监控。

2. 执行风险管理计划和风险管理流程

风险应对控制包括执行风险管理计划和风险管理流程，以应对风险事件。执行风险管理过程是指确保风险意识是一项在整个项目过程中，全部由项目团队成员执行的不间断的活动。项目风险管理并不会停留在最初的风险分析上，识别的风险也许并不真的发生。先前识别的风险，也可能被确定有更大的发生概率，或更高的损失估计值。

实施单独的风险管理计划包括根据规定的里程碑监督风险，制定风险决策与风险减轻策略。当风险有征兆时，采取制定好的应急活动。对风险事件会使用权变措施。

3. 风险监控技术和方法

风险监控技术和方法可分为两大类：一类用于监控与项目、产品有关的风险；另一类用于监控与过程有关的风险。

风险监控，从过程的角度来看，处于项目风险管理流程的末端，但这并不意味着项目风险控制的领域仅此而已，风险控制应该面向项目风险管理全过程。项目预定目标的实现，是整个项目管理流程有机作用的结果，风险监控是其中一个重要环节。风险监控应是一个连续的过程，它的任务是根据整个项目（风险）管理过程规定的衡量标准，全面跟踪并评价风险处理活动的执行情况。有效的风险监控工作可以指出风险处理活动有无不正常之处，哪些风险正在成为实际问题，掌握了这些情况，项目管理组就有充裕的时间采取纠正措施。建立一套项目监控指标系统，使之能以明确易懂的形式提供准确、及时而关系密切的项目风险信息，是进行风险监控的关键所在。

项目的创新性、一次性、独特性及其复杂性，决定了项目风险的不可避免性、风险发生后的损失难以弥补性和工作的被动性决定了风险管理的重要性。传统的风险管理是一种“回溯性”管理，属于亡羊补牢，对于一些重大项目往往于事无补。

风险监控的意义就在于实现项目风险的有效管理，消除或控制项目风险的发生或避免造成不利后果。因此，建立有效的风险预警系统，对于风险的有效监控具有重要作用和意义。

风险预警管理，是指对于项目管理过程中有可能出现的风险，采取超前或预先防范的管理方式，一旦在监控过程中发现有发生风险的征兆，及时采取校正行动并发出预警信号，以最大限度地控制不利后果的发生。因此，项目风险管理的良好开端是建立一个有效的监控或预警系统，及时觉察计划的偏离，以高效地实施项目风险管理过程。

风险监控的具体方法如下：

(1) 风险再评估。风险监控过程通常要求使用本章介绍的过程对新风险进行识别并对风险进行重新评估。应安排定期进行项目风险再评估。项目团队状态审查会的议程中应包括项目风险管理的内容。重复的内容和详细程度取决于项目相对于目标的进展情况。

例如,如果出现了风险登记单未预期的风险或"观察清单"未包括的风险,或其对目标的影响与预期的影响不同,规划的应对措施可能将无济于事,则此时需要进行额外的风险应对规划以对风险进行控制。

(2) 风险审计。风险审计在于检查并记录风险应对策略处理已识别风险及其根源的效力以及风险管理过程的效力。

(3) 偏差和趋势分析。应通过绩效信息对项目实施趋势进行审查。可通过实现价值分析和项目偏差和趋势分析的其他分析方法,对项目总体绩效进行监控。分析的结果可以揭示项目完成时在成本与进度目标方面的潜在偏离。与基准计划的偏差可能表明威胁或机会的潜在影响。

(4) 技术绩效衡量。技术绩效衡量将项目执行期间的技术成果与项目计划中的技术成果进度进行比较。如出现偏差,例如在某里程碑处未实现计划规定的功能,有可能意味着项目范围的实现存在风险。

(5) 储备金分析。在项目实施过程中可能会发生一些对预算或进度应急储备金造成积极或消极影响的风险。储备金分析是指在项目的任何时点将剩余的储备金金额与剩余风险量进行比较,以确定剩余的储备金是否仍旧充足。

(6) 状态审查会。项目风险管理可以是定期召开的项目状态审查会的一项议程。该议程项目所占用的会议时间可长可短,这取决于已识别的风险、风险优先度以及应对的难易程度。风险管理开展得越频繁,"状态审查会"方法的实施就越加容易。经常就风险进行讨论,可促使有关风险(特别是威胁)的讨论更加容易、更加准确。

综上所述,风险监控的关键在于培养敏锐的风险意识,建立科学的风险预警系统,从"救火式"风险监控向"消防式"风险监控发展,从"挽狂澜于既倒"向"防范于未然"发展。

12.2 案例分析

WT 信息公司中标了某地质局三维 GIS 开发平台的项目,公司任命杜经理为项目经理负责该项目的管理,同时新招聘了五名工程师组成开发团队来实施系统开发。该平台是为地质行业定制的,整个架构采用目前流行的 B/S 结构,主要由界面层、图形层和数据层组成。用户对他们的业务需求描述很模糊，认为这是一个行业软件，能满足日常工作需要即可，其他特定的功能可以在开发过程中进行补充。杜经理感到非常苦恼，因为他无法了解项目组的技术能力是否满足项目开发的需要，他向公司申请在项目组新增两名这方面的技术高手，公司已经答应，但这两个人现在仍在外地实施别的项目，还没确定何时能到本项目组。另外，用于数据采集和系统测试的设备和配套软件，也需要在公司的另一个项目结束后才能使用。杜经理知道在项目实施时必须进行风险管理，他研究了其他类似项目的实施资料，制定出一系列的风险应对措施。本项目会面临哪些风险？针对项目开发中存在的技术风险如何应对？

分析本案例，本项目会面临的风险具体有：

(1) 需求变更风险：用户要求“其他特定的功能可以在开发过程中进行补充”是不对的。在没有确定需求前，不能进行软件开发，新需求引起的变更有可能导致系统推倒重来，以致项目失败；

(2) 技术风险：杜经理不了解项目需要哪些开发技术，也不了解项目组的技术实力，这都可能导致项目实施中出现技术风险；

(3) 质量风险：项目不能满足用户需求，得有一个质量标准，以免项目交付时引起纠纷。项目开发过程中要进行充分的测试，可以请求用户参与，以减少项目的质量风险；

(4) 资源风险：包括人力资源、软件工具和硬件平台等，如项目组人员能否按时到位，所需软、硬件系统能否按时到位等。

应对本项目中可能出现的技术风险，可以采用如下方法：

(1) 与用户和其他项目组技术人员沟通，确定项目需要哪些开发技术；

(2) 与项目组成员沟通，了解他们的技术背景和开发能力；

(3) 与公司管理层沟通协调，确保新增的技术人员能按时到位；

(4) 在项目开发前，采用外部培训和内部交流等方式进行技术培训；

(5) 在项目开发中，针对出现的技术难题要有应对措施，如请专家指导、技术攻关或外包；

(6) 在项目后期，及时总结技术开发经验，按标准形成文档，以供项目维护和其他项目使用。

12.3 实践应用

某县 GNSS 监测预警系统项目的风险管理

XT 卫星导航技术有限公司于 2010 年 3 月承接了某县 GNSS 监测预警系统建设的项目。该系统是集测绘、GNSS、GIS、远程控制、数据通信、灾害预警及物联网等技术于一体，以 GPRS/3G/电台/Zigbee/北斗为通信手段，融合了多种监测传感器（GNSS 接收机、雨量计、位移计、测斜仪、沉降仪、水位计、视频设备等），实现现场地质信息监测与获取、地质灾害数据管理与集成、地质灾害预测与防治决策的基于高精度 GNSS 的监测物联网系统，可广泛应用于存在安全隐患的滑坡地质灾害监测、坝体变形监测、矿区地表沉降监测、尾矿坝变形崩塌监测、桥梁变形监测和建筑物变形监测等领域，可有效避免灾害事件发生，保障重要设施和人民生命财产安全。

整个项目总投资近千万元，建设工期为 2 年。因为该系统涉及的技术在当时的国内还属于新兴技术，熟悉该技术的专家和技术人员很少，加上项目投资规模大、建设周期长，因此，该项目的风险很大。

在项目实施过程中，为了按照既定的进度、成本和质量完成项目的目标，要充分重视风险管理。具体来说，项目组按照以下基本的管理过程来进行风险管理。

1. 风险管理计划编制

在项目初期，项目经理组织有关人员编制了风险管理计划，具体描述如何为该项目处理和执行风险管理活动。项目组是采用会议的方法来制定风险计划的，因为该项目投资规模比较大，所有的项目干系人代表都被邀请参加了风险管理计划会议，全面地考虑了风险对项目的影响，制定了较全面的风险管理计划。

在计划中，项目组确定了基本的风险管理活动（如每 15 天召开一次风险评估会议），根据项目管理理论和公司的项目实践，定义了项目中的风险管理过程，估计了风险管理的时间表和费用，并把风险管理活动纳入了项目计划，把风险管理费用纳入了成本费用计划。

2. 风险识别

根据项目的实际情况，项目经理把项目中的风险划分为技术风险、团队风险、外部风险三大类，采用风险分解结构（RBS）形式列举了已知的风险。在识别了上述风险后，还确定了这些风险的基本特性，引起这些风险的主要因素，以及可能会影响项目的方面，形成了详细的风险列表记录。

3. 风险定性分析

项目组根据风险管理计划中的定义，确定每一个风险的发生可能性，并记录下来。除了风险发生的可能性，还分析了风险对项目的影响，包括对时间、成本、范围等各方面的影响，其中不仅包括对项目的负面影响，还分析了风险带来的机会。

这个过程还是采用会议的方式来进行。不过，在风险分析的会议中，除了有关项目干系人外，还邀请了相关领域的专家参加，以提高分析结果的准确性。

在确定了风险的可能性和影响后，接下来需要进一步确定风险的优先级。风险优先级是一个综合的指标，其高低反映了风险对项目的综合影响，采用了风险优先级矩阵来评定风险优先级。最后得出的结果是架构风险排在第一位，该风险的可能性很高，影响也很大。

4. 风险定量分析

对已知风险进行定性分析后，项目组还进行了定量分析，定量地分析了各风险对项目目标的影响。在这个过程中，项目组采用了专家评估的方法，组织相关成员对项目进行乐观、中性和悲观估计，同时，也利用了公司历史项目的数据，用来辅助评估。进行定量分析之后，更新了风险记录列表。

5. 风险应对计划编制

根据定性和定量分析的结果，对已识别的风险，制定了应对计划。对不同的风险，采取了不同的措施。

6. 风险监控

经过上述5个过程后，该项目中的风险已经比较清晰，这时就要进入风险跟踪与监控过程。在这个过程中，项目组对已经识别出的风险的状态进行跟踪，监控风险发生标志，更深入地分析已经识别出的风险，继续识别项目中新出现的风险，复审风险应对策略的执行情况和效果。根据目前风险监控的结果修改风险应对策略，根据新识别出的风险进行分析并制定新的风险应对措施。在这个过程中，主要采用了偏差分析、项目绩效分析和监控会议的方式来进行。

总之，该项目由于技术领先、投资规模大、建设周期长、异地开发等原因，充满着风险，但由于项目组十分重视项目的风险管理，加之进行了良好的配置管理，整个项目建设过程始终遵循了变更控制程序，使该项目顺利完成了其目标。2012年3月，该项目建设完成并投入使用。当年共实施监测120多个GNSS变形监测点，采用单机单天线实时监测、单机单天线定期监测和一机多天线实时监测等多种监测方式，是目前国内该领域最大的工程项目之一。

第 13 章　空间信息系统项目采购管理

13.1　空间信息系统项目采购管理理论

项目采购管理是为完成项目工作,从项目团队外部购买或获取所需的产品、服务或成果的过程。随着空间信息行业的快速发展和技术不断进步,行业的分工更细,更加强调分工与合作。加之企业追求核心竞争力,对不具备竞争力的业务和产品采取采购的方式从市场上获得。规范的采购不仅能降低成本、增强市场竞争力,规范的采购管理还能为项目贡献“利润”。

项目采购管理对项目的成功至关重要。规范的项目采购管理要兼顾符合项目需要、经济性、合理性和有效性,可以有效降低项目成本,促进项目顺利实现各个目标,从而成功地完成项目。

项目采购管理包括 4 个管理过程,分别为规划采购、实施采购、管理采购和结束采购,如表 13－1 所示。

表 13－1　项目采购管理知识体系

管理过程	输　入	工具和技术	输　出
规划采购	范围基准 需求文件 合作协议 风险登记册 与风险相关的合同决策 活动资源需求 项目进度计划 活动估算成本 成本绩效基准 企业环境因素 组织过程资产	自制或外购分析 专家判断 合同类型	采购管理计划 采购工作说明书 自制或外购决策 采购文件 供方选择标准 变更请求

（续）

管理过程	输　入	工具和技术	输　出
实施采购	项目管理计划 采购文件 供方选择标准 合格卖方清单 卖方建议书 项目文件 自制或外购决策 合作协议 组织过程资产	投标人会议 建议书评价技术 独立估算 专家判断 广告 Internet 搜索 采购谈判	选定的卖方 采购合同授予 资源日历 变更请求 沟通管理计划（更新） 项目文件（更新）
管理采购	采购文件 项目管理计划 合同 绩效报告 批准的变更请求 工作绩效信息	合同变更批准系统 采购绩效审查 检查与审计 绩效报告 支付系统 索赔管理 记录管理系统	采购文档 组织过程资产（更新） 变更请求 项目管理计划（更新）
结束采购	项目管理计划 采购文档	采购审计 协商解决 记录管理系统	结束的采购 组织过程资产（更新）

13.1.1 规划采购

规划采购是记录项目采购决策、明确采购方法、识别潜在卖方的过程。因为有些产品、服务和成果，项目团队不能自己提供，需要采购。即使能够自己提供，但购买比由项目团队完成更合算。所以编制采购计划过程的第一步是要确定项目的某些产品、服务和成果是项目团队自己提供还是通过采购来满足，然后确定采购的方法和流程以及找出潜在的卖方，确定采购多少、何时采购，并把这些结果都写到项目采购计划中。

为了实施项目，项目采购项目团队外部的产品、服务和成果时，每一次采购都要经历从编制采购计划到完成采购的合同收尾过程。

规划采购过程也包括考虑潜在的卖方，尤其是当买方希望在采购决定上施行某种程度的影响或者控制的时候，例如要考虑潜在的卖方应获得或持有法律、法规或者组织政策要求的相关的资质、许可和专业执照。

在规划采购过程期间，项目进度计划对采购计划有很大的影响。制定项目采购管理计划过程中做出的决策也能影响项目进度计划，并且与制定进度、活动资源估算、“自制/外购”决定过程相互作用。编制采购计划过程应该考虑与每一个"自制/外购"决定关系密切的风险，还要考虑评审合同的类型以减轻风险或把风险转移到卖方。

在规划采购的过程中，首先要确定项目的哪些产品、成果或服务是自己提供更合算还是外购更合算，这就是"自制/外购"分析，在这个过程中可能要用到专家判断，最后也要确定合同的类型，以便进行风险转移安排。

用于规划采购的工具和技术有"自制/外购"分析、专家判断和合同类型。

1. "自制/外购"分析

在进行"自制/外购"分析时，有时项目的执行组织可能有能力自制，但是可能与其项目有冲突或自制成本明显高于外购，在这些情况下项目需要从外部采购，以兑现进度承诺。

任何预算限制都可能是影响"自制/外购"决定的因素。如果决定外购，还要进一步决定是购买还是租借。"自制/外购"分析应该考虑所有相关的成本，无论是直接成本还是间接成本。例如，在考虑外购时，分析应包括购买该项产品的实际支付的直接成本，也应包括购买过程的间接成本。

2. 专家判断

经常用专家的技术判断来评估本过程的输入和输出。专家判断也被用来制定或者修改评价卖方建议书的标准。专家法律判断可能要求律师协助处理相关的采购问题、条款和付款条件。这种专家具有行业和投资的专长，其判断可以运用于采购的产品、服务或者成果的技术细节以及采购管理过程的各个方面。专家可由具有专门知识、来自于多种渠道的团体和个人提供。包括：项目执行组织中的其他单位、顾问、专业技术团体、行业集团。

3. 合同类型

虽然固定价格的合同类型为大多数组织推崇和使用，但有时考虑所有因素后另一种合同类型可能对项目更有益处。如果确定使用非固定价格的合同类型，项目团队有义务提供充分的理由。使用的合同类型和具体的合同条款与条件，将界定买方和卖方各自承担的风险程度。

合同按费用支付方式分为三类：固定总价合同、成本补偿合同、时间和材料合同（又称单价合同）。

1）固定总价合同（或者总包合同）

这类合同为定义明确的产品或服务规定一个固定的总价。固定总价合同也可以包括为了实现或者超过规定的项目目标（如交货日期、成本和技术绩效以及能被量化和测量的任何任务）时采取的激励措施。固定总价合同下的卖方依法执行合同，如果达不到合同要求他们可能会遭受经济损失。固定总价合同下的买方必须准确规定所采购的产品或者服务。虽允许一定范围的变更，但通常要增加合同价格。固定总价合同最简单的形式就是一个采购单。

2）成本补偿合同

这类合同为卖方报销实际成本,通常加上一些费用作为卖方利润。成本通常分为直接成本和间接成本。直接成本指直接、单独花在项目上的成本(例如,全职员工在为项目工作时的薪水)。间接成本,通常指分摊到项目上的经营费用(例如,间接参与到项目中的管理层的工资、办公室水电费等)。间接成本一般按直接成本的一定百分比计算。成本补偿合同也常常包括对达到或超过既定的项目目标(例如进度目标或总成本目标等)的奖励。成本补偿合同还可以分为以下三类:

成本加酬金合同:项目成本 = 允许成本 + 一定酬金;

成本加固定酬金合同:项目成本 = 允许成本 + 固定酬金;

成本加鼓励酬金合同:项目成本 = 允许成本 + 根据合同执行绩效决定酬金(或者执行绩效不好也要负担超出的成本)。

3）时间和材料合同

时间和材料合同是包含成本补偿合同和固定总价合同的混合类型。当不能迅速确定准确的工作量时,时间和材料合同适用于动态增加人员、专家或其他外部支持人员等情况。由于合同具有可扩展性,买方成本可能增加,这些类型的合同类似于成本补偿合同。

合同的总额和合同应交付产品的确切数量在买方签订合同时还不能确定。因而,如果是成本补偿合同,时间和材料合同的合同额可以随着时间和材料而增加。许多组织要求在所有时间和材料合同中注明不能超出预期合同额和期限限制,防止无限度的成本增加。

相反,若某些参数在合同中明确后,时间和材料合同类似于固定总价合同。当双方在具体资源价格上达成一致时,劳动力单位时间的价格或材料价格可以由买方和卖方预先确定,例如高级工程师每小时多少工资,或者每个计量单位材料的价格。

买方的要求(如产品的标准版本或客户化版本、绩效报告、提交成本数据等),以及其他的考虑因素如市场竞争状况都会影响采购会采用何种合同类型。另外,卖方也可以考虑将那些特殊的需求作为需要另外收费的科目。另外一个考虑因素,是项目团队所采购的产品或服务未来的潜在销售机会。如果卖方相信有这样的再次销售的机会,卖方也许会很愿意降低价格来赢得该合同。虽然这样能够削减项目的开支,但是如果买方向卖方承诺了潜在销售,事实上却不存在相应的销售机会,卖方可能认为买方欺诈进而发生法律上的纠纷。

13.1.2 实施采购

实施采购是获取承建单位应答、选择承建单位并授予合同的过程。在本过程中,项目团队收到投标书或建议书,并按事先确定的选择标准选出一家或多家有资格履行工作且可接受的承建单位。选择承建单位时,可以单独或组合使用以下工具和技术。

1. 投标人会议

投标人会议是在投标书或建议书提交前,在建设单位和所有潜在的承建单位之间召开的会议。会议的目的是保证所有潜在的承建单位对本项采购都有清楚且一致的理解,保证没有任何投标人会得到特别优待。

2. 建议书评价技术

对于复杂的采购,如果要基于承建单位对既定加权标准的响应情况来选择承建单位,则应该根据建设单位的采购政策,规定一个正式的建议书评审流程。在授予合同之前,建议书评价委员会将做出他们的选择,并报管理层批准。

3. 独立估算

对于许多采购,采购组织可以自行编制独立估算,或邀请外部专业估算师做出估算成本,并将此作为标杆,用来与潜在承建单位的应答作比较。

4. 专家判断

可以组建一个多学科评审团队对建议书进行评价。

5. 广告

在出版物上刊登广告,可以扩充现有的潜在的承建单位名单。

6. Internet 搜索

在 Internet 上可以快速找到很多商品、零配件以及其他现货,并以固定价格订购。

7. 采购谈判

采购谈判是指在合同签署之前,对合同的结构、要求以及其他条款加以澄清,以取得一致意见。对于复杂的采购,合同谈判可以是一个独立的过程。

13.1.3 管理采购

项目采购管理不仅包括合同管理和变更控制过程,也要执行合同中约定的项目团队应承担的合同义务。

采购管理包括如下几个过程:

(1) 编制采购计划:决定采购什么、何时采购、如何采购;

(2) 编制询价计划:记录项目对于产品、服务或成果的需求,并且寻找潜在的供应商;

(3) 询价、招投标:获取适当的信息、报价、投标书或建议书;

(4) 供方选择:审核所有建议书或报价,在潜在的供应商中选择,并与选中者谈判最终合同;

(5) 合同管理和收尾：管理合同以及买卖双方之间的关系，审核并记录供应商的绩效以确定必要的纠正措施并作为将来选择供应商的参考，管理与合同相关的变更。合同收尾的工作是：完成并结算合同，包括解决任何未决问题，并就与项目或项目阶段相关的每项合同进行收尾工作。

这5个采购管理的过程彼此交互作用，并与其他知识领域中的过程相互作用。根据项目的实际情况，每一个过程可能需要一人、多人或者集体的共同努力。如果项目被划分成为阶段，每一个过程在项目中至少出现一次，并可在项目的一个或更多阶段中出现。虽然这几个过程在这里作为界限分明的独立过程，但在实践中，它们会重叠和彼此相互作用。

项目采购管理过程包括买方和卖方之间的法律文件——合同。一份合同代表一个对合同的各方有约束力的协议，规定卖方有义务提供指定的产品、服务或者成果，并规定买方有义务提供货币或者其他与受益价值相等的报酬。一份采购合同包括条款与付款条件，以及买方所依赖的其他条款，以确定卖方需要完成的任务或提供的产品。项目管理团队的责任，是在遵守组织采购政策的同时确保所有采购产品满足项目的具体要求。在不同的应用领域，合同也可被称为协议、规定、分包合同或采购订单。大多数组织都有书面的政策和具体程序，具体规定了谁可以代表组织签署与管理协议。

虽然所有项目文件要经过某种形式的评审和审批，但鉴于合同的法律约束力，通常意味着合同要经过更为严格的审批过程。在任何情况下，评审和审批过程的主要目标是确保合同描述的产品、服务或者成果能满足项目的需要。

在项目的早期，项目管理团队可以寻求合同、采购、法律和技术方面专家的支持。这种寻求的过程和方式可以由组织的政策来规定。与项目采购管理过程有关的各种活动形成了一个合同的生命周期。通过积极地管理合同生命周期和细致地斟酌合同条款与条件的措辞，一些可识别的项目风险能够得以避免、减轻或者转移给卖方。在管理或者分担潜在风险时，签订产品或者服务合同是转移责任的一种方法。

13.1.4 结束采购

结束采购是完成单次项目采购的过程。要结束采购，就需要确认全部工作和可交付成果均可验收。因此，结束采购过程可以支持结束项目或阶段过程。

完成每一次项目采购，都需要合同收尾过程。它支持项目收尾或者阶段收尾过程，因为它核实本阶段或本项目所有工作和项目可交付物是否是可接受的。合同收尾过程也包括管理活动，如更新记录以反映最终结果、存档信息以便将来使用。合同收尾考虑了项目或者项目阶段适用的每个合同。在多阶段项目中，一份合同的条款可能仅仅适用于项目的特定阶段。在这些情况下，合同收尾过程只对适于项目本阶段的合同进行收尾。未解决的索赔可能在收尾之后提起诉讼。合同条款与条件可规定合同收尾的具体程序。

合同的提前终止是合同收尾的特殊情况,它产生于双方的协商一致,或一方违约,或合同中提到了买方有权决定。合同的终止条款中明确了提前终止情况下各方的权利和责任。

从编制采购管理计划过程一直到合同收尾过程的整个采购过程中,采购审计都对采购的完整过程进行系统的审查。采购审计的目标是找出本次采购的成功和失败之处,以供项目执行组织内的其他项目借鉴。

13.2 案例分析

吴经理是国内某地理信息企业的项目经理,负责西南某市水质监测预警系统建设项目的管理。在该项目合同中简单列出了几条项目承建方应完成的工作,据此吴经理自己制订了项目的范围说明书。甲方的有关工作由其信息中心组织和领导,信息中心主任兼任该项目的甲方经理。然而在项目实施过程中,有时是甲方的财务部直接向吴经理提出变更要求,有时是甲方的销售部直接向吴经理提出变更要求,而且有时这些要求是相互矛盾的。面对这些变更要求,吴经理试图用范围说明书来说服甲方,甲方却动辄引用合同的相应条款作为依据,而这些条款要么太粗、不够明确,要么吴经理跟他们有不同的理解。因此,吴经理对这些变更要求不能简单地接受或拒绝而左右为难,如果不改变这种状况,项目完成看来遥遥无期。本案例中的问题是如何产生的?吴经理应该怎样在合同谈判、计划和执行阶段分别进行范围管理?

本案例中问题产生的原因分析如下:

(1) 合同内容不完善,没有就具体完成的工作形成明确清晰的条款;

(2) 甲方没有对各部门的需求及其变更进行统一的组织和管理;

(3) 缺乏变更的接受/拒绝准则;

(4) 由于乙方对项目干系人及其关系分析不到位,缺乏足够的信息来源,范围定义不全面、不准确;

(5) 甲乙双方对项目范围没有达成一致认可或承诺;

(6) 缺乏项目全生命周期的范围控制。

吴经理应在项目全生命周期的范围管理中做出相应的解决方案:

(1) 合同谈判阶段:取得明确的工作说明书或更细化的合同条款;在合同中明确双方的权利和义务,尤其是关于变更的问题;采取措施确保合同签订双方对合同的理解是一致的。

(2) 计划阶段:编制项目范围说明书;创建项目的工作分解结构;制定项目

的范围管理计划。

(3) 执行阶段:在项目执行过程中加强对已分解的各项任务的跟踪和记录;建立与项目关系人进行沟通的统一渠道;建立整体变更控制的规程并执行;加强对项目阶段性成果的评审和确认。

(4) 项目全生命周期范围变更管理:在项目管理体系中应该包含一套严格、实用、高效的变更程序;规定对用户的范围变更请求应正式提出变更申请,并经双方项目经理审核后依据不同情况做出相应的处理。

13.3 实践应用

某港口集装箱作业监控管理系统项目的采购管理

2014 年 2 月,BD 导航技术有限公司承接了某港口集装箱作业监控管理系统建设的项目。该系统以物联网技术为基础,对信息资源的采集、传输、加工、共享进行全面的规划整合,突出港口物流枢纽的数据交换和共享的特点,用“信息资源规划”“同一种基础信息平台建设”“主业务系统集成化开发”的路线为集装箱码头提供整体信息化解决方案,可有效的解决港口系统的松散耦合、数据重复不共享、信息孤岛等传统问题。

由于该系统涉及大量采购,因此做好项目的采购管理是项目顺利完成的重要保证。该项目的采购特点如下:

一是原则上要依据政府批复的项目《初步设计》规定的采购范围和要求来实施采购任务;

二是涉及的外包内容专业性较强,比如系统的建设等;

三是为了控制第三方采购产品风险,产品选型需要大量的调研、技术论证和试点工作。

项目组通过以下措施,高效完成了采购任务,具体措施如下:

1. 确立采购原则、确认采购范围,制定采购流程,做好采购规划

在项目采购实施前期,项目经理与项目团队的技术骨干根据《初步设计》的采购范围和要求,开展了需求调研活动,在充分了解用户需求基础上,对需要采购的产品进行分析,发现有些产品的选型不符合用户关键功能的需求。基于此情况,向用户提出,为了确保系统应用效果,建议产品采购要立足于用户实际需求,对产品选型不符合用户关键需求的,建议重新选型;对于用户需求超前的,建议取消采购,并逐一与用户进行确认。

项目范围确认方面,基于上述原则,对于重新选型的,需要进一步开展选型的技术论证和试点使用工作,选型确认后报用户审批。对于取消采购的,说明原因,并提出变更申请,报用户审批,并报政府部门备案。

为了规范项目采购管理工作，项目组同用户方共同制定了“三审”制度，即采购申请审批、询价申报审批和到货验收三个关键点的审查。采购申请审批是在项目选型经过技术论证、用户试用并确认后开展；询价申报审批是在同确认供应商并通过谈判确认最终采购价格后开展，同时需要提交供应商的相关证明文件、售后保证等承诺文件；到货验收是依据采购合同，执行到货验收的审查工作。“三审”制度对于保证采购工作合理、规范的开展发挥了重要的作用。

2. 从满足实际需求出发，合理、规范、高效地完成项目采购任务

对于专业性较强的系统，如不具备响应开发能力，采用外包方式能有效降低实施风险和实施成本。对于系统专业性较强、需对业务有较深理解，通过与用户单位领导进行沟通，在不能提供高质量系统的情况下，只能采用外包的方式。

通过与用户沟通，项目组将该系统外包给一家熟悉用户业务的公司，该公司在此业务方面积累了较多经验，能够引导用户进行信息化建设。该公司接手项目后，经过深入的需求调研，提出了合理的系统架构，并设计了严密的权限控制体系，得到了用户的认可，有效推动了该系统在用户单位的全面应用。

第三方产品选型需要立足于用户需求，并通过产品试用获得用户认可，才能实施项目采购。《初步设计》中选型为国内一知名的成熟通用的产品，使用不方便，且不提供为特定用户提供定制开发服务。经深入调研，用户需要一个所见即所得傻瓜式工具，并且能按用户特定要求进行功能定制。为此，我们引入了一家更加专业化的公司，承诺可以采用外包服务方式提供定制开发支持。该产品的特点之一是其操作便捷，采用了傻瓜式拖曳操作方式，并实现了所见即所得。经过一段时间实际应用，用户普遍反映比较满意。取得用户确认后，即按照“三审”制开展具体采购工作。

3. 高度重视采购风险，采取有效的措施控制采购风险

应用支撑平台的采购实施是该项目的重要建设内容，决定项目建设的效果和整体实施进度，加之涉及采购金额较大，必须要高度重视和控制采购风险。回顾整个采购历程，经历了自制－采购决策、试点应用、专家评审三个阶段。在自制－采购决策阶段，采用了“两条腿走”的策略，一方面采用自行开发方式，只限于公共基础模块；另一方面在对市面上主流的应用支撑平台进行技术论证。事实证明，采用自行开发的方式，开发出的产品存在质量等诸多问题，后因业主不认可，中途夭折。市面的产品从功能和性能上大多不能完全满足用户的需求，经过项目组反复技术论证，并通过集体评审，暂定了一款产品。这样就进入了试点应用阶段。项目组决定将目前在用的比较有代表性的一个子系统导入到此平台。该产品的供应商调集了核心开发人员参与到系统导入工作，因时间紧，采用封闭开发方式，期间克服了种种困难，在短短两个月内完成系统构建，并成功实施，获得用户认可。基于试点试用情况，邀请了知名的专家对该产品开发及应用情况进行了评审。获得了专家的充分肯定。最终业主同意了该产品的采购。通过以上三个阶段，很好地控制了该产品的采购风险。在后续的实施中，主要应用系统均基于该产品进行构建，取得了较好的应用效果，达到了预期的目标。

总结项目整个采购工作历程，其成功的关键主要是做好了以下三个方面的工作:一是做好产品选型的技术论证工作，要求项目团队的项目经理和技术骨干充分参与，控制好技术方面的风险；二是充分和项目干系人沟通，平衡相关干系人的利益，获取干系人对产品的认可；三是严格执行采购规范审查流程，确保采购实施的总体质量。

第 14 章 大型复杂空间信息系统项目管理

14.1 大型复杂空间信息系统项目管理理论

空间信息系统既包括全球定位系统、遥感系统和地理信息系统这三个独立的系统,还包括这三个系统之间及与其他技术间的集成系统,是一个高度综合、复杂的巨系统。随着空间信息系统在各行业、各领域的不断深化应用,空间信息系统项目越来越多地成为大型复杂项目,对项目经理和技术人员来说增加了项目管理和实施的难度。因此,本章着重讨论大型复杂空间信息系统项目的管理问题,以期提高项目实施的成功率。

14.1.1 大型复杂项目的特点

一般认为,大型、复杂项目是指项目周期长、规模大、投入高、构成复杂,具体具有以下特点:

1. 项目周期长

中小型项目的周期通常为几周到几个月,而大型复杂项目从规划、实施到完成,其周期可持续几年甚至更久。因此,如何在一个相对较长的周期内保持项目运行的完整性和一致性就成了关键性的问题。

2. 项目规模大、投入高

大型复杂项目也意味着项目的规模大、资金投入高,需要尽力避免项目范围蔓延,项目成本、进度、采购、质量等方面的管理工作,其难度也急剧增大。

3. 项目目标构成复杂

大型复杂项目的目标构成较为复杂,需要将项目分解成一个个目标相互关联的小项目,形成项目集管理。

4. 项目团队构成复杂

大型复杂项目的参与方多,包括各种机构不同职位的人员,复杂的项目团队构成会使团队之间的协作、沟通和冲突解决等成本大幅度上升。所以,如何降低协作成本成为了提高整个项目效率的关键。

5. 项目经理的日常职责更集中于管理职责

大型项目经理往往成为项目集经理或大项目经理,其日常职责更倾向于管理职责。在大型复杂项目的背景下,需要更明确而专一的分工机制,管理所体现的效率因素更直接的影响项目的目标实现。同时,由于大型项目多是以项目集的方式进行,因此大型项目经理面临更多的是间接管理的挑战。

14.1.2 大型复杂项目的分解

为了便于项目管理,大型复杂项目通常会被分解成许多相对独立而又相互联系的中小型项目,一般称为子项目或课题,每个子项目可以独立地开发、实施,子项目之间多为并行关系。子项目/课题有时还要进一步分解为子课题。项目分解的层数称为项目分解的深度,如果深度过大,则应考虑简化分解层次。

同一层上项目单元的最大值称为本层的宽度,宽度大意味着本层的复杂度高,需要控制和协调过多的下层项目单元,应该适当增加中间层。但更重要的是,不应为了单纯追求深度和宽度的理想化而不顾项目的实际情况。

1. 大型复杂项目分解的总原则

大型复杂项目分解时,需要遵循的总原则是各个子项目的复杂程度之和应小于整个项目的复杂程度。项目分解时既要考虑技术性因素,也要考虑到非技术性因素。

2. 项目分解的技术性因素

大型复杂项目可以遵循"高内聚、低耦合"的分解原则。内聚指一个子项目内各个目标之间彼此结合的紧密程度,耦合指不同子项目之间相互关联的程度。内聚和耦合是相关的,子项目内的高内聚往往意味着子项目间的低耦合。高内聚、低耦合的子项目划分使项目中的子项目之间联系简单,发生在某一子项目的错误传播到整个项目的可能性就很小。

3. 项目分解的非技术性因素

大型复杂项目往往是多方投资、多方参与、多方受益。项目分解时还应考虑资金来源、知识产权和利益分配等非技术性因素。

14.1.3 大型复杂项目管理的分解

大型复杂项目在项目上进行了分解,则在项目管理上也要进行相应的分解。

1. 大型复杂项目的管理特征

一般来说,大型复杂项目的管理具有以下两个特征:

1)分级管理与分工管理

大型复杂项目规模较大、目标及成员构成复杂,项目经理很难直接管理到项目团队的每一个成员和项目的每一项目标,一般需要建立一个项目团队,实行分级管理和分工管理,项目经理一般采用间接管理的方式。间接管理指组织的最终责任人不直接对组织内的每个人和每件事进行管理,而是通过授权和建立工作制度来对组织进行管理。但需要注意的是，间接管理后组织中就多了一些管理层，会导致组织在信息传递上出现问题，需要建立一套规范和健全的管理制度。

2）强化协调机制

大型复杂项目通常是以项目集的方式进行，一般采用项目型的组织形式或近似的组织形式，其团队构成复杂，会使团队之间的协作、沟通成本大幅上升，如何建立有效的协调机制就成了整个项目成败的关键。

2. 大型复杂项目管理的分解

根据项目的规模和具体特点，大型复杂项目的管理可按照子项目、管理职能和矩阵式三种分解方式进行分解：

1）按照子项目分解

这是一种最常见也是最容易理解的分解方式，各个子项目的负责人直接承担子项目的管理工作，并向项目经理汇报，项目经理则承担整个项目的规划、组织、指导及子项目间的协调工作，并考核评定各个子项目经理的业绩。

子项目经理既是子项目团队的行政负责人，也是业务管理者，拥有子项目团队内的人力资源管理、技术管理、质量管理、进度管理和资金管理权，对子项目的成败负有完全责任。只要子项目的划分足够合理，子项目经理选择得当，项目经理就没有必要直接插手子项目团队的内部管理，而更应当专注于子项目的监控、子项目团队之间的协调及项目团队与外部组织的协调工作。这种管理模式的缺点是，当子项目团队的规模过大时容易出现管理失控现象，而当子项目团队的数量过多时又增加了协调难度。

2）按照管理职能分解

这是一种职能型组织的管理分解方式。项目经理领导一个职业管理团队，这个团队中的每个成员负责某一个方面的管理工作，如质量管理、进度管理、资金管理、资源管理和文档管理等。

这种管理模式的缺点是很容易造成项目执行与项目管理的脱节，行政管理与职能管理的脱节，不同的职能管理之间的脱节。当质量、进度与资金产生矛盾时，相关管理人员会各执一词，令项目执行人员无所适从，大量的协调工作最终还要落在项目经理身上。

3）按照矩阵式分解

这种管理模式实际上是将按照子项目分解和按照管理职能分解两种形式综合起来，这样既有利于强化各个子项目经理的责任和权利，又有利于项目经理对整个项目的监督和控制，且有利于项目管理工作的统一化、专业化和规范化。矩阵式管理成败的要点是如何清晰地划分子项目经理与职能管理人员的管理责任与权限。子项目经理侧重于子项目团队的内部管理和主动性控制，职能管理人员则应侧重于外部控制与检查监督。矩阵式管理模式非常适合于大型复杂项目,同时也加大了管理成本。

14.1.4 计划过程

对于大型复杂项目,制定活动计划之前,必须先考虑项目的过程计划,即确定用什么方法和过程来完成项目。必须建立以过程为基础的管理体系,过程作为一个项目团队内部共同认可的制度而存在,主要起到约束各方以一致的方式来实施项目。

一个大型项目团队,协作的效率要远远高于个体的效率,而过程正是体现在这一点上。每个组织都存在自己的通用过程,但是项目的特征又使得每个项目有其各自不同的要求,所以可以为每个项目单独建立一套合适的过程,需要平衡成本和收益。

在制定大型复杂项目的计划时,不仅应制定整个项目的范围、质量、进度和成本计划,还应确定每个子项目的范围、质量、进度和成本要求,以及各个子项目之间的相互依赖、配合和约束关系,为每个子项目的绩效测量和控制提供一个明确的基准,使整个项目的实施和控制更易操作,责任分工更加明确。

14.1.5 实施与控制过程

大型复杂项目由于规模庞大、构成复杂,项目实施过程中的监督和控制就显得尤为重要。控制过程的主要任务和目标是获取项目的实施绩效,将项目实施的状态和结果与项目的基准计划进行比较,如果出现偏差,及时进行纠正和变更。通常,项目的进度和成本实际绩效信息比较明确,传递过程中这些信息失真的概率较小,但是范围和质量上则存在信息失真的概率。

在大型复杂项目的管理中,项目控制过程的三个重要因素是外部变更请求、变更控制和项目绩效跟踪。由于项目涉及多方的共同协调,因此必须对变更进行统一的控制,否则会导致项目执行中的混乱,即外部变更和内部偏差所引起的变更必须遵循变更控制流程。

由于项目目标是范围、质量、进度和成本等几方面的集合,无论是基准计划还是实施绩效,都要从这几个方面来反映项目的特征,且需要在控制过程中特别增加协作管理的内容。

1. 范围控制

对于大型复杂项目,在项目实施过程中其范围发生变化是经常发生的,需要特别注意的是,大型复杂项目的执行组织是由多个子项目组成的,如果其中一个子项目的范围发生变更,一定要仔细分析该项变更对其他子项目的影响。有时从局部看一项变更对于某一子项目是有利的,可能会减少成本、加快进度,但因该项变更会引起其他子项目范围的巨大变动,从全局观点考虑反而得不偿失。

大型复杂项目的范围变更需要谨慎考虑,一定要减少项目中的盲目变更。但对于因外部环境改变、客户需求改变、范围计划疏漏及其他无法拒绝的原因引起的范围变更,必须以科学、务实的态度积极处理。

对于客户定制型项目,如果项目范围变更是由客户原因引起的,可与客户进行合同变更谈判,要求客户增加投入;如果范围变更是由项目组织自身原因引起的,就只能由项目组织自行承担损失;如果范围变更是由外部环境变化引起的(如国家颁布了新的政策或标准),双方可通过友好协商的方式确定各自应当承担的责任。

2. 质量控制

与一般项目相比,大型复杂项目的质量问题更加突出,主要体现在以下几个方面:

(1) 大型复杂项目团队庞大,人员构成复杂,对问题的不同认识和误解如不能及时消除,必然影响项目的质量;

(2) 大型复杂项目研发周期长,人员流动大,骨干人员的流失会使项目质量受到一定影响;

(3) 大型复杂项目的系统故障定位比较困难,其中一个方面出现问题,就会影响整体的性能;

(4) 大型复杂项目的质量纠纷认定难度大,各项目部、合作方由于理解的差异,对质量问题的认定容易产生分歧;

(5) 大型复杂项目的可视性差,质量缺陷比较隐蔽,无法通过人的感官系统进行直观的判断,某些质量问题往往会在特定条件下才会出现,一旦出现,必须及时纠正和处理,以免发生质量事故。

3. 进度控制

大型复杂项目往往是由逐级分解的成千上万个相对独立的任务组成的,这些任务可分为关键任务和非关键任务,其控制重点是对关键任务的进度控制。关键任务的进度一旦拖后,整个项目的完成日期就会受到影响。

4. 成本控制

影响大型复杂项目成本的不确定性因素较多,一旦项目成本失控,要在预算内完成项目是非常困难的。如果项目没有额外的资金支持,会导致项目范围缩小、进度推迟,甚至会降低项目质量。

为避免此类风险的发生,应及时分析成本绩效,尽早发现实际成本与计划成本的差异,以便在情况变坏之前能够采取纠正措施。若因为控制成本有可能影响项目质量,则不得不变更项目资源计划和制定预算。

5. 协作管理

大型复杂项目团队庞大,参与单位众多,协作管理的效益尤为突出。一般来说,大型复杂项目的协调管理可以分为项目组织内部协调和项目组织外部协调。项目组织内部协调包括人际关系协调、组织关系协调和资源需求协调等;项目组织外部协调以是否具有合同关系为界限,分为具有合同关系的协调和不具有合同关系的协调。具有合同关系的协调主要包括项目组织与相关产品、服务提供商之间的关系协调。如果项目是接受某客户的要求实施的,还应包括项目组织与客户之间的关系协调。

14.2 案例分析

城市群 GIS 是适应城市群地区区域管治的需要,透过跨政府部门、跨行政区域的政府、企业、科研机构和公民之间的协作,共建和共享地理、人口、经济、资源等空间信息基础设施,发展多种多样的地理信息应用系统,服务于城市区域规划、环境保护、资源利用、大型基础设施建设、灾害防护等方面的决策与行动。城市群具有以下特点:跨政府部门运行;跨行政区域协作;服务于城市规划和区域管治;实施需要各种类型用户的参与、协作和投资;往往需要一定的空间数据基础设施的支撑;为各种地理信息用户提供表现、分析、决策支持等服务。从项目管理的角度分析,如何管理城市群 GIS 项目?

城市群 GIS 实质上属于大型复杂项目,其实施过程在一定程度上是动态、脆弱的,很容易受到干扰而改变。组织、实施该类项目中最重要的问题是参与者如何取得共识,如何管理冲突,如何从参与项目中获得益处。可通过以下几点着重管理:

(1) 项目的发起者要确定项目的目标、任务和范围,通过与潜在参与者的交流进一步完善;

(2) 项目发起者通过与参与者达成比较一致的共识后,共同推荐组成各种项目委员会管理项目;

(3) 政策委员会需要首先制定项目协作章程和政策,取得参与者的签署;

(4) 项目正式启动后,需要组成项目管理团队,并任命项目经理。

14.3 实践应用

遥感卫星智能观测技术与应用示范项目的管理

卫星遥感产业作为国家战略性新兴产业,在空间信息、国家安全、国土资源管理等领域发挥着不可替代的作用。目前,智能观测技术已成为国际上新型遥感卫星的核心技术，为了打破国外对该先进技术的垄断，提升我国遥感卫星观测与运行能力，由某遥感产业联盟牵头组织申报了国家级项目“遥感卫星智能观测技术与应用示范”。该项目于 2010 年 1 月启动，项目周期 3 年，总投资额近亿元。

由联盟作为组织单位实施国家科技计划项目管理工作，这在我国是一项创新举措。该项目在国家某部委支持下，由北京某信息技术有限公司牵头，联合卫星遥感行业 3 家企业、4 家科研院所共同承担实施。项目围绕遥感数据的智能观测、加工、处理、分发、应用等环节，下设 4 个课题，共需完成 8 套智能识别、观测、压缩、传输软/硬件系统和 2 套遥感数据接收、处理、分发、服务软件系统的开发建设，并开展荒漠化、海岸带卫星遥感监测应用示范。

该项目周期较长、规模较大、目标构成复杂、项目团队构成复杂，项目的成败关系到国家财政资金的使用和卫星遥感信息的安全，是一个典型的大型复杂项目。因此，如何在相对较长的周期内保护项目运作的完整性与一致性、如何将项目分解成一个个目标相互关联的小项目形成项目群进行管理、如何降低协作成本提高项目效率，都是关系到项目成败的重要因素。

本文结合项目实践，从大型复杂项目的分解、计划、实施和控制等方面阐述该项目的管理过程。

1. 项目分解

该项目的分解原则是各个子项目的复杂程度之和小于整个项目的复杂程度，考虑“高内聚、低耦合”的技术性因素，以及资金来源、知识产权和利益分配等非技术因素进行项目分解。

该项目依托于产业联盟，遵循遥感数据获取、处理、分发与应用的一体化技术流程，共分解为四个课题，其中第一课题又分解为四个子课题，第二课题分解为两个子课题，第四课题分解为两个子课题，共计九个子课题，分别由九家企业/科研单位具体承担实施。各课题之间秉持“理论和应用结合，数据接收和处理一体化”的原则，具有良好的相关性和承接性。

该项目采用矩阵式分解的管理形式，在联盟的统一组织下，由联盟秘书长担任项目总负责人，由项目管理办公室负责对整个项目及各课题的实施进行过程管理与协调，每个课题及子课题均设有课题负责人和子课题负责人，子课题负责人向所属课题负责人报告，课题负责人定期向项目总负责人报告。

2. 项目计划

对于大型复杂项目来说，必须建立以过程为基础的管理体系，过程作为一个项目团队内部共同认可的制度而存在，它主要起到约束各个相关方以一致的方式来实施项目。

对于整个项目的计划，先由各课题负责人会同子课题负责人制定本课题的范围、质量、进度和成本要求，确定子课题之间的相互依赖、配合和约束关系，为课题的绩效测量和控制提供一个明确的基准，再由项目总负责人会同课题负责人制定整个项目的范围、质量、进度和成本计划，使整个项目的实施和控制更易操作，责任分工更加明确。

3. 项目实施与控制

大型复杂项目规模庞大，团队构成复杂，项目实施过程中的监督和控制尤为重要。控制过程的主要任务和目标是获取项目的实施绩效，将项目实施状态和结果与项目的基准计划进行比较，如果出现偏差及时进行纠偏和变更。

由于项目的目标是范围、质量、进度和成本等几个方面的集合，无论是基准计划还是实施绩效，都要从这几个方面来反映，另外，由于对此类项目来说，协作的作用特别突出，因此在控制过程中特别要注意协作管理。

1）范围控制

对于大型复杂项目来说，项目范围的变更几乎是不可避免的，项目范围控制的主要任务就是采用科学的策略和方法，对项目范围变更实施控制和管理，实现项目范围变更的规范化和程序化。

2）质量控制

与一般项目相比，大型复杂项目的质量问题更加突出，因此质量控制在此类项目管理中占有特别重要的地位。质量控制的手段主要包括评审、测试和审计。

3）进度控制

大型复杂项目往往是逐级分解的成千上万个相对独立的任务组成的，这些任务可以分为关键任务和非关键任务。大型复杂项目进度控制的重点是关键任务的进度控制。常用工具和技术包括甘特图、PERT 图与关键路径等。

4）成本控制

大型复杂项目的规模大、时间长，项目成本的不确定因素较多，一旦项目成本失控，要在预算内完成项目是非常困难的。为了避免此类风险，应及时分析成本绩效，尽早发现实际成本与计划成本的差异，及时采取纠正措施。

5）协作管理

项目组织内部的协调是指一个项目组织内部各种关系的协调，如人际关系协调、组织关系协调和资源需求协调等。项目组织外部的协调以是否具有合同关系为界限，可以划分为具有合同因素的协调和不具有合同因素的协调。

通过有效的项目管理，该项目于 2012 年 12 月顺利通过结项验收，形成了 3 项发明专利、10 余项软件著作权、2 项企业标准，发表论文 50 余篇，相关软/硬件系统于 2014 年部署到某卫星星座系统中，项目成果已应用于京津风沙源、环渤海海岸工程等卫星遥感监测工作，取得了良好的效果。

参考文献

[1] 孔云峰,林珲．GIS分析、设计与项目管理[M]．北京:科学出版社,2008.

[2] 李德仁,李清泉,陈晓玲,等．信息新视角——悄然崛起的地球空间信息学[M]．武汉:湖北教育出版社,2000.

[3] 李德仁,关泽群．空间信息系统的集成与实现[M]．武汉:武汉测绘科技大学出版社,2000.

[4] 柳纯录,刘明亮,高章舜．信息系统项目管理师教程[M]．北京:清华大学出版社,2008.

[5] 王勇,张斌．项目管理知识体系指南(PMBOK 指南)第4版[M]．北京:电子工业出版社,2009.

[6] 张友生,刘现军．信息系统项目管理师案例分析指南[M]．北京:清华大学出版社,2009.

[7] 蔡学兵．软件项目成本管理的问题和对策研究[J]．中国教育技术装备,2007(12).

[8] 常壮,王莹,苏培新．空间信息系统在物联网中的应用与挑战[J]．数字国防,2012(1).

[9] 李爱光,李崇祥,王卉,等．GIS 软件项目管理特点分析[J]．北京测绘,2011(3).

[10] 李爱光,王卉．浅谈 GIS 软件项目管理的实施[J]．军事测绘,2012(1).

[11] 李德仁．地球空间信息学的机遇[J]．科技创新与品牌,2008(15).

[12] 李洪力,杨华,张婷．北斗卫星导航系统市场应用分析研究[J]．电子世界,2014(1):16－17.

[13] 李元征,吴胜军,冯奇,等．光谷地球空间信息产业发展技术路线图研究[J]．世界科技研究与发展,2013,35(2):303－309.

[14] 宁津生,王正涛．2011－2012 测绘学科发展研究综合报告(下)[J]．测绘科学,2012,37(4).

[15] 欧阳春香．北斗导航产业迎爆发式增长[J]．金融世界,2016(3).

[16] 疏琴．“3S”技术集成理论及其发展趋势研究[J]．科技信息,2011(19).

[17] 秦涛,赵奕．帕累托分析在测绘项目质量管理中的应用[J]．测绘,2013,36(2).

[18] 王东伟．全球商业卫星遥感市场竞争格局分析[J]．中国航天,2015(12).

[19] 王志敏．小型软件项目配置管理的实施[J]．上海应用技术学院学报(自然科学版),2010,10(2).

[20] 徐丽萍．商业遥感市场发展现状与思考[J]．卫星应用,2016(1).

[21] 杨亦可,李潭．关于商业遥感发展的思考与展望[J]．卫星应用,2016(7).

[22] 袁良庆,张贺庆．浅析石油企业信息化建设项目范围管理[J]．中国管理信息化,2012,15(10):73－75.

[23] 袁良庆,张贺庆．浅析石油企业信息化建设项目范围管理[J]．中国管理信息化,2012,15(10).

[24] 周安俊,杜宏．复杂信息系统项目质量管理方法研究[J]．项目管理技术,2012,10(12).